油气井管材
——新材料、新工艺与新技术

冯 春 编著

科学出版社

北京

内 容 简 介

本书先介绍油气井管材的概况、服役条件和失效类型；然后重点论述钻杆及油套管用高强韧低合金钢、耐蚀及抗开裂材料、轻质高强合金的材质特性、选材方法与设计思路、国内外技术发展与新成果；最后总结表面工程技术在油气井管材中的新应用和工业化实践。

本书可供从事油气井管材设计、生产及管理等工作的人员参考，也可作为石油工程、材料科学与工程等相关专业教师和研究生的参考用书。

图书在版编目(CIP)数据

油气井管材：新材料、新工艺与新技术 / 冯春编著. —北京：科学出版社，2022.6

ISBN 978-7-03-072306-2

Ⅰ.①油… Ⅱ.①冯… Ⅲ.①油气井－管材 Ⅳ.①TE925

中国版本图书馆 CIP 数据核字（2022）第 085267 号

责任编辑：祝　洁　罗　瑶/责任校对：崔向琳
责任印制：张　伟 / 封面设计：迷底书装

科 学 出 版 社 出版
北京东黄城根北街 16 号
邮政编码：100717
http://www.sciencep.com

北京中石油彩色印刷有限责任公司印刷
科学出版社发行　各地新华书店经销
*
2022 年 6 月第 一 版　开本：720×1000　1/16
2022 年 6 月第一次印刷　印张：13
字数：257 000

定价：135.00 元
（如有印装质量问题，我社负责调换）

序

　　油气井管材在石油工业领域大量使用，是建立油气井筒及油气资源采收通道的重要载体，以带螺纹接头连接的钻杆、油套管等产品为主，其质量和服役性能直接决定油气井的可钻采深度和寿命。随着我国浅层油气资源开采日趋枯竭，深层、超深层等苛刻环境下油气资源开发成为能源接替的重要战略领域，油气井钻采中管材服役工况日趋复杂。研发与应用具有高承载、长寿命、轻量化特性的管材，对于提升能源行业钻采能力和效率，推进油气能源工程结构材料的创新发展，以及保障我国能源安全和国民经济发展等具有十分重要的作用和意义。

　　石油工业的发展离不开油气井管材，数据统计表明，井筒管柱材料和结构破坏失效造成的直接经济损失占整个油气田投资的 8%～12%，失效事故还会造成人员伤亡、设备损毁、环境污染及生态破坏等重大事件，社会影响巨大。通过以中国石油集团工程材料研究院有限公司为代表的国内诸多单位数十年的共同努力，我国当前已实现了 API 标准油气井管的全面国产化，打破了国内石油工业油气井管材长期依赖进口的不利局面。然而，面对日趋苛刻的钻采工况，传统的碳钢强韧性匹配不足、耐蚀合金及抗开裂材料选材难、铝/钛轻质合金技术体系不健全等问题突出，需要不断完善和探索，油气井管材新材料、新技术与新工艺的开发仍然具有很大的潜力。减少管材失效的损失、提升现有管材的潜力和发展新型管材，都需要油气井管材新材料、新工艺与新技术的支撑。

　　该书从油气井管材的基本概念，服役特点，新材料、新工艺、新技术方面的研究现状，典型成果及相关应用等方面进行论述。该书的出版将有利于我国石油管工程学的发展和石油工业技术的进步。

中国工程院院士　李鹤林

2022 年 4 月

前　　言

油气井管材是支撑油气资源发现、钻采及保障石油工业勘探开发的重要工程结构材料。石油工业大量使用的油气井管材，其相关技术进步是实现降低油气田成本、促进先进技术发展、保证增产措施应用、提高钻采效率、延长油气井生产周期、减少重大失效事故、提升质量安全等的重要支撑。

20 世纪 50 年代，我国尚不具备油气井管材生产条件，20 世纪 80 年代初期，油气井管材国产化率仅为 5%。1981 年，石油工业部成立了石油专用管材研究中心（先后更名为中国石油天然气集团公司管材研究所、中国石油集团石油管工程技术研究院、中国石油集团工程材料研究院有限公司）。在以李鹤林院士等为代表的一批科研人员近 40 年艰苦卓绝的不懈努力下，中国石油集团工程材料研究院有限公司建立了包括失效分析、科学研究、质量监督检验、标准化等在内的油气井管材服役行为和结构安全理论体系及应用技术支撑体系，实现了油气井管材的大规模国产化。

近年来，随着我国油气资源勘探开发深入进行，油气井工况趋于复杂恶劣，石油工业高效开发对油气井管材的高强韧性、耐腐蚀、耐疲劳、耐高温、轻量化、耐磨损及质量均一性等提出了更加苛刻的性能要求。

在国家科技重大专项、国家重点研发计划和中国石油天然气集团有限公司科技重大专项等项目的支持下，中国石油集团工程材料研究院有限公司在油气井管材用高强韧低合金钢、高耐蚀抗开裂合金钢、镍基合金、轻质高强铝/钛合金等先进结构材料，以及管材表面改性新技术与新工艺等方面开展了创新性研究工作，初步形成具有特色的油气井管材新材料、新工艺与新技术研究方向。

为了促进油气井管材新材料、新工艺与新技术的研究，完善石油管工程学的理论体系，在前人研究基础上结合自身科研经历，选取科研实践中的典型成果，编著本书。

本书成果源自中国石油集团工程材料研究院有限公司石油管材及装备材料服役行为与结构安全实验室承担的科研项目，包括国家重点研发计划项目"苛刻环境能源井钻采用高性能钛合金管材研发及应用"（2021YFB3700800）、"海洋石油钻探用高强耐蚀铝合金管材成套制造技术"（2016YFB0300904）、"石油天然气工业非 API 石油专用管质量基础设施关键技术体系研究"（2019YFF0217500），中国石油科学研究与技术开发项目"石油管及装备新材料、新技术、新产品开发"

（2021DJ2703），中国石油基础研究和战略储备技术研究基金项目"石墨烯技术在油管表面处理中的应用基础研究"（2017Z-04）等。撰写过程中得到了单位领导和同事的大力支持。全书由冯春撰写，朱丽娟、宋文文、李睿哲、曹亚琼、宋亚聪、张芳芳、何磊、许梦飞等参与了书稿整理工作，韩礼红、林凯、白真权、王新虎、宋生印、王鹏、申昭熙、王航、王建军、路彩虹、蒋龙、杨尚谕、王建东、李方坡、潘志勇、田涛、任相羿、刘永刚、刘文红、徐欣、李磊、付安庆、李厚补、李东风、白小亮等参与了本书的修改工作，同时感谢冯耀荣、霍春勇、高惠临对本书出版提供的支持和帮助。撰写本书过程中参考了大量文献，借鉴了国内外学者的部分研究成果，在此对相关作者表示感谢。

由于作者水平有限，书中难免存在不妥之处，敬请广大读者批评指正！

冯　春

中国石油集团工程材料研究院有限公司

2022 年 4 月

目　　录

第 1 章　油气井管材概况

油气井管材简称油井管，是油气井钻采中用量最大和最为重要的结构材料，在现代石油工业勘探开发中具有极其重要的作用，其性能与质量直接决定了油气井的钻采效率和服役寿命。油气井管材通过接头连接形成的系统称为管柱。管柱是建立油气井筒及油气资源采收通道的重要载体和保障油气井筒完整性的重要实体屏障，也是油气田开展油气生产的重要基础设施。

1.1　油气井管材的发展

石油工业的规模化发展与油气井管材的性能提升、成本降低等具有极为密切的关系，特别是油井管服役性能的不断提高，直接推动了石油工业钻采技术从浅层向深层、非常规、海洋等方面的不断发展[1]。

最早的钻采用管材可追溯到我国四川早期盐业开采用的凿锉工具及竹/木制管材[2]，主要采用顿钻法，利用井下竹木管材连接下部金属凿锉工具实现冲击掘进（图 1.1），井口采用空心原木固井防止井壁坍塌。竹/木制管材除作为井下材料使用外，在该时期也广泛应用于钻井平台与地面输送领域。四川地区竹制井架与竹制管道如图 1.2 所示。

(a) 凿锉工具　　　　　　　　　　　　　　(b) 竹/木制管材

图 1.1　我国四川早期盐业开采用凿锉工具及竹/木制管材[2]

1859 年，美国人将蒸汽机引入石油钻采并将第一根铁管插入地层用于固井封水，标志着现代石油工业诞生。1924 年，美国石油学会（American Petroleum Institute，API）发布了《油井管用钢铁管材规范》，首次实现了钢铁材料在石油管

（a）井架 　　　　　　　　　　　　　　（b）管道

图 1.2　四川地区竹制井架与竹制管道[3]

材领域应用的标准化，为油气井钻井装备及井下管柱系统结构的发展奠定了重要基础。现代油气井钻井装备及井下管柱系统结构如图 1.3 所示。

图 1.3　现代油气井钻井装备及井下管柱系统结构

钢铁材料管材的广泛应用提升了油气工业钻采能力和生产效率。1924 年，世界原油产量猛增至约 1 亿 t，石油产品也实现了从供应灯油向满足内燃机燃料和化工消费需求的跨越。1967 年，全球一次能源消费中石油的比例超越煤炭，人类正式从"煤炭时代"进入了"石油时代"，2019 年，世界原油年产量达40 亿 t 以上。

当前，随着石油工业的发展，浅层及易动用油气资源日趋枯竭，深层、超深层、低渗透储层、海洋油气、非常规油气等复杂工况油气资源及可燃冰、热干岩等新能源已经成为未来能源接替的重要发展方向。油气井管材新材料、新工艺与新技术的发展对于保障上述资源的高效、安全开发具有十分重要的意义。

1.2　油气井管材的分类

油气井管材的类型多样，按照材质可分为碳钢、低合金钢、不锈钢、铁-镍基合金、镍基合金、铝合金、钛合金、非金属等；按照使用场景可分为钻井用管材、固井用管材、完井生产用管材等；按照结构特点主要分为钻具、套管、油管、抽油杆、井下工具等；按照标准化程度可分为 API 管材和非 API 管材，其中 API 管材是指按照 API 现行标准生产的管材，而非 API 管材泛指其性能要求、结构特点等均超出 API 现行标准范围的一类特殊材料和结构管材。

本节从油气井管材使用场景及结构特点角度出发，简要介绍油气井管材的主要类型、结构特点、作用和基本性能要求。

1.2.1　油气井钻井用管材

油气井钻井用管材主要包括钻杆、钻铤、加重钻杆及方钻杆等，由管材本体通过螺纹接头连接而成的系统称为钻柱，是实现地下油气藏与地面井口连通最主要的工具，承担着传递动力、施加钻压、连接钻头、建立泥浆循环等重要作用。典型钻柱结构如图 1.4 所示。

1. 钻杆

钻杆具有传递动力、支撑泥浆循环、延长钻柱深度等作用，是钻柱中用量最大的管材，一般占钻柱设计长度的 90%以上。当前，世界范围内商业化规模应用中主要包含两类钻杆材料体系：钢制钻杆和铝合金钻杆。钛合金、碳纤维等钻杆当前仍处于研发和工程验证阶段，尚无相关国际标准发布。

钢制钻杆材料体系是在美国 AISI 4100 系列低碳铬钼合金钢基础上改进而来，其结构包含管体和接头，如图 1.5 所示。管体主要采用热轧—镦粗—热处理工艺，接头主要采用锻造—热处理工艺，管体与接头通过摩擦焊接等连接方法制造成钻杆。

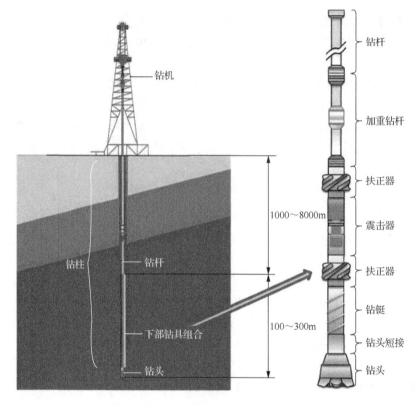

图 1.4 典型钻柱结构图

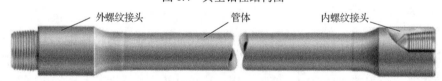

图 1.5 钢制钻杆结构图

钻杆按其管体强度级别分为 E 级、X 级、G 级、S 级和 V 级，典型钢级 API 标准钻杆管体及接头强度要求如表 1.1 所示[4]。E 级、X 级、G 级和 S 级钻杆管体材料一般采用 AISI 4130 等合金钢加调质处理，室温组织为回火索氏体。接头主要采用 AISI 4137H 等合金钢，室温组织同样为回火索氏体。与管体相比，接头主要采用锻造工艺，因此在晶粒度、夹杂物尺寸等组织细化程度方面更为优异[5,6]。

典型 API 标准钻杆按其管体加厚结构形式分为内加厚（internal upset，IU）、外加厚（external upset，EU）、内外加厚（internal-external upset，IEU）等，如图 1.6 所示。

表 1.1　典型钢级 API 标准钻杆管体及接头强度要求

钻杆结构	钢级	屈服强度/MPa		抗拉强度/MPa	
		最小值	最大值	最小值	最大值
钻杆管体	E 级	520	730	690	—
	SS75 级	520	660	690	790
	X 级	660	860	730	900
	SS95 级	660	760	730	900
	SS105 级	730	830	790	970
	G 级	730	930	790	—
	S 级	930	1140	1000	—
	V 级	1040	1170	1100	1310
钻杆接头	E、X、G、S、V 级	830	1140	970	—
	SR25	900	1140	970	—
	SS 级	760	860	860	1000

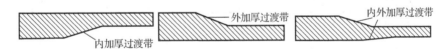

（a）内加厚　　　　　　　（b）外加厚　　　　　　（c）内外加厚

图 1.6　典型 API 标准钻杆管体加厚结构

　　典型 API 标准钻杆接头一般包括加厚端、台肩、内外螺纹等结构，如图 1.7 所示。

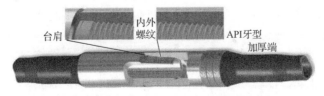

图 1.7　典型 API 标准钻杆接头结构

铝合金钻杆结构包括一体式全铝合金钻杆和钢接头铝合金钻杆两类，当前应用最广泛的是钢接头铝合金钻杆，其结构如图 1.8 所示。全铝合金钻杆一般采用热挤压—热处理—管端接头加工的工艺，钢接头铝合金钻杆一般采用热装配工艺实现管体和接头的连接。

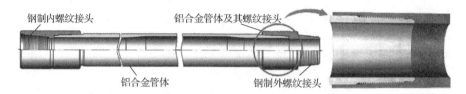

钢制内螺纹接头　　　　铝合金管体及其螺纹接头

铝合金管体　　　　　　钢制外螺纹接头

图 1.8　钢接头铝合金钻杆结构

按铝合金钻杆管体材料的使用性能，将其分为四个系列，管体材料的基本性能要求如表 1.2 所示[7]。

表 1.2　铝合金钻杆管体材料基本性能要求

基本性能	系列			
	I	II	III	IV
合金系列	Al-Cu-Mg	Al-Zn-Mg	Al-Cu-Mg-Si-Fe	Al-Zn-Mg
最小屈服强度/MPa	325	480	340	350
最小抗拉强度/MPa	460	530	410	400
最小伸长率/%	12	7	8	9
最高操作温度/℃	160	120	220	160
在氯化钠溶液（浓度为 3.5%）中的最大腐蚀速率/[g/(m² · h)]	—	—	—	0.08

注：浓度指质量浓度。

2. 钻铤

钻铤位于钻柱的下部，其主要作用是施加钻压，增加近钻头部分钻柱的刚度和结构稳定性，控制井斜，减少钻头的震动、摆动和跳动等。与钻杆相比，钻铤具有质量大（钻杆的 5~8 倍）、壁厚厚（钻杆的 4~6 倍）等结构特征，分为螺旋式、圆柱式等类型，如图 1.9 所示。钻铤一般采用 AISI 4145H 等 4100 系列材料锻造或热轧成厚壁无缝钢管，再经调质热处理及机械加工制造而成。

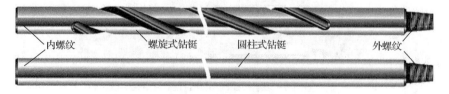

内螺纹　　　　螺旋式钻铤　　　　圆柱式钻铤　　　　外螺纹

图 1.9　螺旋式和圆柱式钻铤结构

3. 加重钻杆

加重钻杆一般位于下部钻具组合上部与钻杆柱下部,其质量、壁厚等介于钻铤和钻杆之间,主要作用是过渡钻铤和钻杆柱之间的应力水平差,避免钻杆应力集中造成的断裂、疲劳等失效事故。加重钻杆接头长度为标准钻杆的 2.0～2.5 倍,管体壁厚为标准钻杆的 2～3 倍,中部带有外加厚段及耐磨带,其结构具有抗弯曲、稳定井眼、防磨损、保护管体等作用,典型加重钻杆结构如图 1.10 所示。

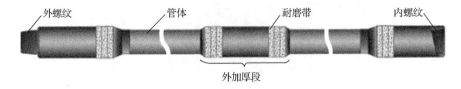

图 1.10　典型加重钻杆结构

4. 方钻杆

方钻杆位于钻柱最上端,管体结构有四方形和六方形两种,主要用途是悬挂钻杆柱及传递转盘扭矩,典型四方钻杆和六方钻杆结构如图 1.11 所示。

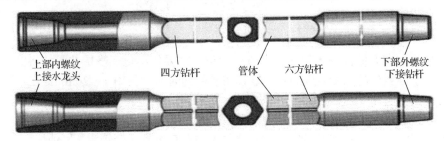

图 1.11　典型四方钻杆和六方钻杆结构

1.2.2　油气井固井用管材

油气井固井用管材主要指套管,分为导管、表层套管、技术套管、生产套管、尾管等,具有支撑井壁、防止地层水及其他非储层环境介质侵入等作用,是油井管中用量最大的管材,一般占整个油井管用量的 75%以上。

套管通过螺纹连接形成的系统称为套管柱,是油气井建立结构安全屏障最主要的实体基础设施,套管柱与水泥胶结固定于井筒中,因此套管柱的服役寿命决定了油气井的生命周期。现代油气井因工况复杂,为保障油气钻采通道的完整性和服役安全,井筒中一般具有多级套管柱系统结构,如图 1.12 所示。

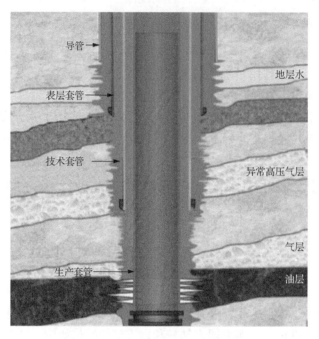

图 1.12　多级套管柱井筒结构示意图

1. 套管类型

　　导管是在开钻前埋入的一段大口径管材，主要作用是在表层井眼处将钻井液从地表引导到钻井液处理装置中，导管在坚硬的岩石中仅用 1～20m，但在沼泽地区可能用上百米[8]。

　　表层套管是油气井套管结构里最外层的套管，主要作用是隔离上部含水层，封隔浅层流砂、砾石层及浅层气，安装井控与井口装置（套管头、采油树等），并悬挂后续下入各层套管（包括采油生产管柱）。表层套管下深一般在 25～1500m。

　　技术套管位于生产套管与表层套管之间，其主要作用为隔离坍塌地层与高压水层，防止井径扩大，减少阻卡与键槽的发生，便于继续钻进。此外，还多用于分隔不同的压力层系，建立钻井液循环，为井控设备的安装、防喷、防漏和悬挂尾管等提供了条件，对油层套管（生产套管）具有保护作用。技术套管与井壁间隙水泥封堵的高度，一般为被隔离的地层以上至少 200m 处。

　　生产套管（油层套管、采油套管）是油气井套管程序里的最后一层套管，其主要作用是提供油气井的开采、注入等通道，保障油气压力稳定不泄漏，保护井壁稳定，隔开各层流体，达到油气分层测试、分层采油、分层改造等目的。油层套管在油气井转入生产之后，其质量要保证能够维持一定的开采年限。油层套管的固井质量，一方面关系到探井，是油气测试的关键；另一方面关系到生产井，直接影响井的寿命。油层套管与井壁之间间隙的水泥封堵高度，一般在油气层以上至少 500m，或直至上一层套管内 200m。

尾管是一段不延伸到井口的套管柱，分为采油尾管、技术尾管、保护尾管和回接尾管等。采油尾管作为完井套管，代替生产套管使用；技术尾管用来加深技术套管；保护尾管用于修复损坏或断落的套管；回接尾管的作用是把下部尾管回接到技术套管内以覆盖已损坏的套管。尾管的优点是下入长度短、费用低，可使用异径钻具复合钻柱，提升钻柱安全余量和钻井效率。尾管缺点是固井施工困难、风险高。

2. 典型 API 套管结构

套管类型和规格多样，但各类套管结构形式基本一致，主要包含管体和接箍，典型 API 标准套管通过螺纹连接后的结构如图 1.13 所示。套管管体和接箍（焊管除外）是由热轧而成的无缝钢管通过调质、正火等热处理工艺制造而成。在实际生产实践中，依据井眼尺寸不同，同规格和钢级套管可作为不同类型套管使用，例如 177.8mm 规格的 P110 钢级套管在超深井中常被用于技术套管，而在部分浅层高产井设计中又被用作生产套管。

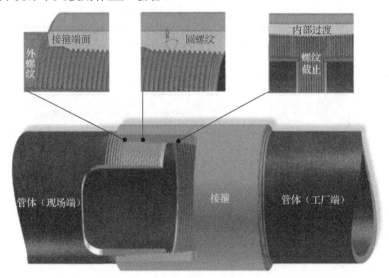

图 1.13　典型 API 标准套管螺纹连接结构

按照螺纹牙型及结构特征，套管可细分为长/短圆螺纹套管、偏梯形螺纹套管，典型 API 标准套管常用规格如表 1.3 所示[9]。

3. 典型 API 套管材料性能基本要求

按照管体强度级别及硬度，套管分为 H40、J55、K55、N80、R95、M65、L80、C90、T95、C110、P110、Q125 等钢级，API 标准常用钢级套管材料拉伸性能及硬度要求如表 1.4 所示。

表 1.3　典型 API 标准套管常用规格

规格/in	单位长度的质量/（kg/m）	外径/mm	壁厚/mm
$4\frac{1}{2}$	14.14	114.30	5.21
	15.63		5.69
	17.26		6.35
	20.09		7.73
5	22.32	127.00	7.52
	26.79		9.19
$5\frac{1}{2}$	23.07	139.70	6.98
	25.30		7.72
	29.76		9.17
	34.23		10.54
$6\frac{5}{8}$	29.76	168.28	7.32
	35.72		8.94
7	34.23	177.80	8.05
	38.69		9.19

注：1in=2.544cm。

表 1.4　API 标准常用钢级套管材料拉伸性能及硬度要求

钢级	类型	屈服强度/MPa		最小抗拉强度/MPa	最大硬度		壁厚/mm	允许硬度变化值
		最小值	最大值		HRC[a]	HBW[b]		
H40	—	276	552	414	—	—		—
J55	—	379	552	517	—	—		—
K55	—	379	552	655	—	—		—
N80	1[c]	552	758	689	—	—	—	—
N80	Q[d]	552	758	689	—	—		—
R95	—	655	758	724	—	—		—
L80	1	552	655	655	23	241		—
L80	9Cr	552	655	655	23	241		—
L80	13Cr	552	655	655	23	241		—
C90	—	621	724	689	25.4	255	≤12.70	3.0
							12.71～19.04	4.0
							19.05～25.39	5.0
							≥25.40	6.0
T95	—	655	758	724	25.4	255	≤12.70	3.0
							12.71～19.04	4.0
							19.05～25.39	5.0
							≥25.40	6.0

续表

钢级	类型	屈服强度/MPa		最小抗拉强度	最大硬度		壁厚/mm	允许硬度变化值
		最小值	最大值	/MPa	HRC[a]	HBW[b]		
C110	—	758	828	793	30	286	≤12.70	3.0
							12.71~19.04	4.0
							19.05~25.39	5.0
							≥25.40	6.0
P110	—	758	965	862	—	—	—	—
Q125	1	862	1034	931	—	—	≤12.70	3.0
							12.71~19.04	4.0
							≥19.05	5.0

注：a 表示洛氏硬度（Rockwell hardness，HRC）；b 表示布氏硬度（Brinell hardness，HBW）；c 表示不需调质热处理；d 表示需要调质热处理。

4. 典型 API 套管化学成分与微观组织

由于套管材料涉及强度范围较宽泛，管材规格也较为繁多，各国家、各生产企业限于制造装备、技术水平等差异，采用的材料成分、工艺等具有差别，甚至同一生产企业对于同规格同钢级材料在不同生产阶段及不同工况下，材料化学成分与微观组织也不尽相同。

通过归纳总结 1999~2019 年中国石油集团工程材料研究院有限公司（简称"工程材料研究院"）套管材料研究成果，国内油气田大量使用的典型 API 标准钢级套管材料组织可主要划分如下。

（1）对于 H40、J55、K55 等钢级套管产品，其管体和接箍金相组织一般为珠光体/铁素体类型。图 1.14 为大庆油田某井在役直径Φ139.7mm、壁厚 7.72mm（Φ139.7mm×7.72mm）J55 套管的光学显微镜（optical microscope，OM）照片。其中管体与接箍均为珠光体/铁素体组织，对应管体成分为 0.35%[*]C-0.30%Si-1.31%Mn，接箍成分为 0.26%C-0.30% Si-1.41%Mn-0.08%V。

（2）对于 N80-1 等钢级套管产品，其管体和接箍金相组织一般为珠光体+铁素体或贝氏体复相组织。图 1.15 为长庆油田某井在役Φ177.80 mm×9.19mm N80-1 套管的 OM 照片。其中管体和接箍均为珠光体+铁素体组织，对应管体成分为 0.41%C-0.24%Si-1.51%Mn-0.13%V；接箍成分为 0.31%C-0.21%Si-1.36%Mn-0.26%Cr。

（3）对于 N80Q、P110 等钢级套管产品，其管体和接箍金相组织一般为回火索氏体类型。图 1.16 为长庆油田某井在役Φ177.8mm×10.36mm N80Q 套管的 OM 照片。其中管体和接箍均为回火索氏体，对应管体成分为 0.24%C-0.33%Si-1.38%Mn-0.2%Cr-0.01%Ti；接箍成分为 0.25%C-0.3%Si-0.94%Mn-1.1%Cr-0.3%Mo-0.01%Ti。

————————————

* "%" 在无特殊说明时，均指质量分数。

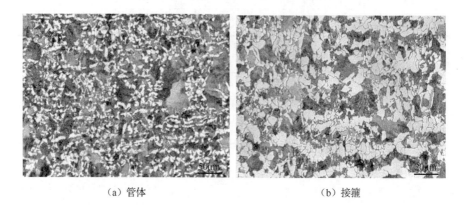

（a）管体　　　　　　　　　　　　　（b）接箍

图 1.14　大庆油田某井在役 Φ139.7mm×7.72mm J55 套管的 OM 照片

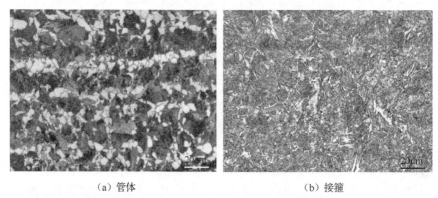

（a）管体　　　　　　　　　　　　　（b）接箍

图 1.15　长庆油田某井在役 Φ177.80mm×9.19mm N80-1 套管的 OM 照片

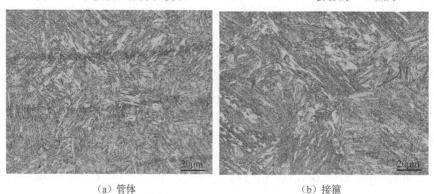

（a）管体　　　　　　　　　　　　　（b）接箍

图 1.16　长庆油田某井在役 Φ177.8mm×10.36mm N80Q 套管的 OM 照片

　　图 1.17 为西南油气田某井在役 Φ177.8mm×10.36mmP110 套管的 OM 照片。其中管体和接箍均为回火索氏体，对应管体成分为 0.26%C-0.23%Si-1.55%Mn-0.1%V；接箍成分为 0.16%C-0.24%Si-0.58%Mn-0.3%Cr-0.45%Mo。

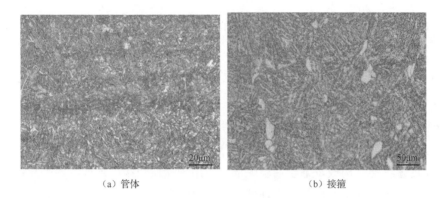

　　（a）管体　　　　　　　　　　　　　　　　　　（b）接箍

图 1.17　西南油气田某井在役 Φ177.8mm×10.36mm P110 套管的 OM 照片

1.2.3　油气井完井生产用管材

　　油气井完井生产用管材主要指用于油气井完井及后续油气采收生产的管材。一般而言，除部分直接采用套管作为完井管柱用管材的油气井外，多数情况下油气井完井生产用管材主要指油管。在完井工程最后一个环节下入的，由油（套）管通过连接构成的管柱系统称为完井管柱。典型井筒完井管柱结构示意图如图 1.18 所示。完井管柱是石油、天然气等资源由井下至井口输送的最直接载体，对于油气田长期生产具有重要意义，是保障油气井连续生产最主要的基础设施。

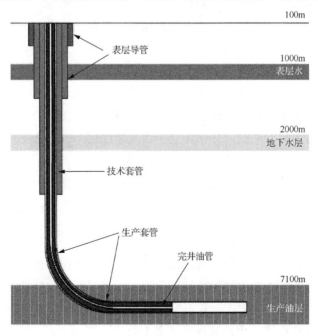

图 1.18　井筒完井管柱结构示意图

此外，封隔器、配产器、滑套、短节等配套井下工具也常与油（套）管柱连接，构成广义的完井生产管柱。

1. 完井管柱类型

按照不同完井和采油生产方式，完井管柱主要有自喷井管柱、机械采油井（有杆/无杆泵等）管柱、气举井管柱、注水井管柱、气井管柱等[10]。

自喷井管柱主要有全井合采管柱和分层开采管柱。全井合采管柱结构主要由油管通过螺纹连接构成，下至油层中部，适用于储层数少、层间物性差异不大的自喷油井。分层开采管柱除油管柱外，还有封隔器、筛管、配产器等井下工具，适用于储层间压力差异大或高含水层和油层分采的自喷油井。

机械采油井管柱主要分为有杆泵完井管柱和无杆泵完井管柱，其中有杆泵完井管柱主要由采油泵、抽油杆、油管和井下工具构成，无杆泵完井管柱主要由油管、井下泵和封隔器等井下工具构成。

气举井管柱主要用于气举生产井，主要分为单管气举管柱和多管气举管柱。气举井管柱主要作用是提供注气与采油通道，具体生产过程中一般通过油套环空（或油管）将高压气注入井筒，并利用油管上的气举阀进入油管（或油套环空），以降低液柱压力，提高原油流动性并将油气资源举升至井口。

注水井管柱可分为两大类，笼统注水管柱和分层注水管柱。笼统注水管柱主要由油管柱或用于保护水层之上套管的封隔器和油管柱构成，适用于注水层数少，或层间压力差小的注水井。分层注水管柱按配水器结构分为固定配水管柱、活动配水管柱和偏心配水管柱等。

气井管柱主要指用于天然气生产井的管柱，由于天然气中一般含 H_2S、CO_2 等腐蚀性气体，大多管柱采用抗开裂及耐腐蚀型油管，在气层以上下入抗 H_2S 材料的封隔器密封油套管环空，并在环空中注入缓蚀剂/环空保护液等。

除上述类型外，生产实践中按照井型、储层改造工艺、采油方式不同，完井管柱还可分为水平井管柱、测试管柱、酸化压裂管柱、注气管柱等。

2. 典型 API 油管结构

API 油管类型和规格多样，各类油管结构形式基本一致，主要包括管体和接箍，其由热轧而成的无缝钢管，通过调质或正火等热处理工艺制造而成。

按照油管连接后的螺纹结构特征可分为：不加厚油管和接箍、外加厚油管和接箍、整体接头油管等三类，油管不同形式螺纹连接结构如图 1.19 所示。

部分典型 API 标准常用油管规格见表 1.5。

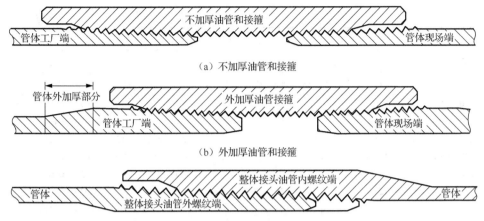

（a）不加厚油管和接箍

（b）外加厚油管和接箍

（c）整体接头油管

图 1.19　油管不同形式螺纹连接结构

表 1.5　部分典型 API 标准常用油管规格表

规格/in	单位长度的质量/(kg/m)	外径/mm	壁厚/mm
$2\dfrac{3}{8}$	6.85	60.32	4.83
	8.63		6.45
$2\dfrac{7}{8}$	9.52	73.02	5.51
	11.61		7.01
	12.80		7.82
$3\dfrac{1}{2}$	13.69	88.90	6.45
	15.18		7.34
4	14.14	101.60	5.74
	16.37		6.65

3. 典型 API 油管性能及化学成分要求

按照当前油管管体强度级别及硬度要求，API 油管分为 H40、J55、K55、N80、R95、L80、C90、T95、C110、P110 等钢级，其强度性能即拉伸性能及硬度要求与套管完全一致。API 标准典型钢级油管材料化学成分要求如表 1.6 所示。

表 1.6　API 标准典型钢级油管材料化学成分要求

钢级	类型	质量分数/%													
		C		Mn		Mo		Cr		Ni	Cu	P	S	Si	
		最小值	最大值	最小值	最大值	最小值	最大值	最小值	最大值	最大值	最大值	最大值	最大值	最大值	
H40	—	—	—	—	—	—	—	—	—	—	—	0.030	0.030	—	
J55	—	—	—	—	—	—	—	—	—	—	—	0.030	0.030	—	

续表

钢级	类型	质量分数/%												
		C		Mn		Mo		Cr		Ni	Cu	P	S	Si
		最小值	最大值	最小值	最大值	最小值	最大值	最小值	最大值	最大值	最大值	最大值	最大值	最大值
N80	1	—	—	—	—	—	—	—	—	—	—	0.030	0.030	—
N80	Q	—	—	—	—	—	—	—	—	—	—	0.030	0.030	—
L80	1	—	0.43	—	1.90	—	—	—	—	0.25	0.35	0.030	0.030	0.45
L80	13Cr	0.15	0.22	0.25	1.00	—	—	12.0	14.0	0.50	0.25	0.020	0.010	1.00
C90	—	—	0.35	—	1.00	0.25	0.85	—	1.50	0.99	—	0.020	0.010	—
T95	—	—	0.35	—	1.20	0.25	0.85	0.40	1.50	0.99	—	0.020	0.010	—
C110	—	—	0.35	—	1.20	0.25	1.00	0.40	1.50	0.99	—	0.020	0.005	—
P110	—	—	—	—	—	—	—	—	—	—	—	0.030	0.030	—
Q125	—	—	0.35	—	1.35	—	0.85	—	1.50	0.99	—	0.020	0.010	—

4. 典型 API 油管微观组织

一般而言，对于 API 标准碳钢和低合金钢油管，其组织类型与钢级及规格相近的套管一致。图 1.20 为长庆油田某井在役 Φ73.02mm×5.51mm J55 油管的 OM 照片。其中管体和接箍均为珠光体+铁素体类型，对应管体成分为 0.34%C-0.25%Si-1.37%Mn；接箍成分为 0.26%C-0.25%Si-1.41%Mn。

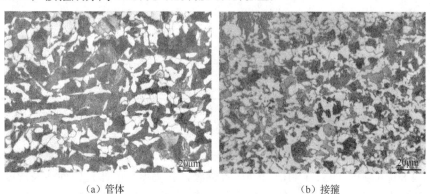

（a）管体　　　　　　　　　　　　（b）接箍

图 1.20　长庆油田某井在役 Φ73.02mm×5.51mm J55 油管的 OM 照片

图 1.21 为中海油某井在役 Φ73.02mm×5.51mm N80-1 油管的 OM 照片。其中管体和接箍均为珠光体+铁素体类型，对应管体成分为 0.37%C-0.4%Si-1.58%Mn-0.1%V；接箍成分为 0.36%C-0.3%Si-1.63%Mn-0.15%V。

图 1.22 为塔里木油田某井在役进口日本住友金属 Φ88.9mm×6.45mm N80Q 外加厚油管的 OM 照片。其中管体和接箍均为回火索氏体，对应管体成分为 0.22%C-0.35%Si-1.36%Mn-0.2%Cr；接箍成分为 0.34%C-0.24%Si-1.3%Mn。

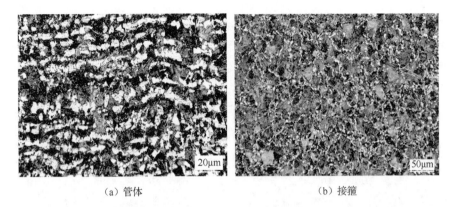

（a）管体　　　　　　　　　　　　　　　　（b）接箍

图 1.21　中海油某井在役 Φ73.02mm×5.51mm N80-1 油管的 OM 照片

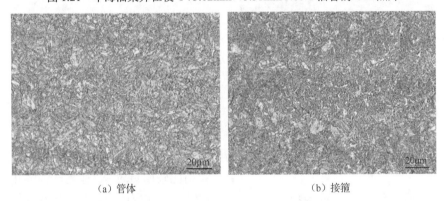

（a）管体　　　　　　　　　　　　　　　　（b）接箍

图 1.22　塔里木油田某井在役进口 Φ88.9mm×6.45mm N80Q 外加厚油管的 OM 照片

图 1.23 为长庆油田某井在役国产 Φ73.02mm×5.51mm N80Q 外加厚油管的 OM 照片。其中管体和接箍均为回火索氏体，对应管体成分为 0.3%C-0.23%Si-1.3%Mn；接箍成分为 0.35%C-0.27%Si-1.3%Mn。

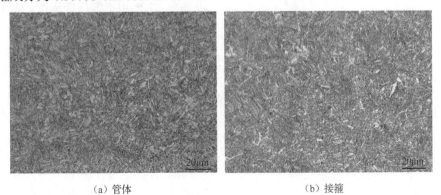

（a）管体　　　　　　　　　　　　　　　　（b）接箍

图 1.23　长庆油田某井在役国产 Φ73.02mm×5.51mm N80Q 外加厚油管的 OM 照片

图 1.24 为塔里木油田某井在役国产 Φ88.9mm×6.45mm P110 外加厚油管的 OM 照片。其中管体和接箍均为回火索氏体，对应管体成分为 0.22%C-0.19%Si-0.48%Mn-1.0%Cr-0.65%Mo-0.04%Nb-0.02%Ti；接箍成分为 0.25%C-0.2%Si-0.48%Mn-1.0%Cr-0.67%Mo-0.04%Nb-0.02%Ti。

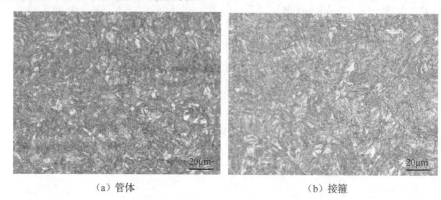

（a）管体　　　　　　　　　　　（b）接箍

图 1.24　塔里木油田某井在役国产 Φ88.9mm×6.45mm P110 外加厚油管的 OM 照片

1.2.4　抽油杆及井下工具

抽油杆及井下工具主要用于油气井井下施工、生产及维修等，与钻杆、油套管相比较用量较少，但对于油气井的高效钻采、储层改造及产能建设等具有重要作用。

1. 抽油杆

抽油杆是有杆抽油设备的重要组成部分，主要用于低压低渗透油藏的采油作业，其作用是将抽油机动力传递给抽油泵，实现石油资源由井底提升至地面的目的。抽油杆分为钢制抽油杆、短杆、加重杆、纤维增强塑料抽油杆等，由不同抽油杆连接而成的系统称为抽油杆柱系统，其结构如图 1.25 所示。

钢制抽油杆有 C 级、K 级、D 级、KD 级、HL 级、HY 级等强度级别，常用钢制抽油杆和短杆的材料类型及力学性能要求如表 1.7 所示[11]。

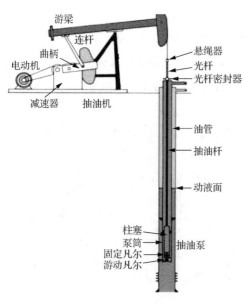

图 1.25　抽油杆柱系统结构

表 1.7　常用钢制抽油杆和短杆的材料类型及力学性能要求[11]

等级	材料类型	抗拉强度 /MPa	下屈服强度 /MPa	伸长率 /%	断面收缩率 /%	表面硬度 (HRC)	心部硬度 (HRC)
C	优质碳素钢/ 合金钢	621～793	≥414	≥13	≥50	—	—
K	镍钼合金钢	621～793	≥414	≥13	≥60	—	—
D	优质碳素钢/ 合金钢	793～965	≥586	≥10	≥50	—	—
KD	镍钼合金钢	793～965	≥586	≥10	≥50	—	—
HL	合金钢	965～1195	≥793	≥10	≥45	—	—
HY	合金钢	965～1195	—	—	—	≥42	≥20

2. 井下工具

井下施工作业所需的管材工具统称为井下工具，井下工具一般由各类管材通过机械加工、装配制造而成，大体分为井下作业施工工具、井下生产工具、作业大修工具等三大类。

井下作业施工工具主要有通井规、刮削器、通管规、冲砂笔尖、冲砂凡尔等。井下生产工具一般有封隔器、配水器、油管锚、安全接头、筛管及各类射孔与压裂工具等。作业大修工具一般有套铣管、铣锥、胀管器、磨鞋、套管整形器、公锥、母锥等。

图 1.26 所示为封隔器、磨鞋、公锥、捞锚等常见类型井下工具。井下工具结构复杂、合金体系多、功能性强，对材料的强韧性、耐蚀性、耐疲劳性能等要求高，相关产品具有极高的商业附加值，是当前油井管研究发展的重要方向。

图 1.26　封隔器、磨鞋、公锥、捞锚等常见类型井下工具

1.3　石油工业高效开发对油气井管材发展的性能要求

1859 年，美国第一口现代油井钻成以来，世界石油工业迅速发展，油气井工况从陆上浅井、直井到当前的水平井、大位移井、超深井、高温高压井、海洋油气井等。钻采方式从最初的顿锉法到当前的顶驱、底驱、气体钻井、压裂、注水、注聚、注气、火驱等。油气井钻采环境、工况的不断变化直接推动了对油气井管材的技术需求，促进了油气井管材的科学技术进步。

1924 年，美国 API 发布 "油井管用钢铁管材规范"以来，油气井管材从采用熟铁、铸铁材料到当前高强度钢、（铁）镍基合金、钛合金、铝合金、非金属、复合材料等，屈服强度要求从 1924 年的 165MPa（24ksi[*]）提高到当前的 965MPa（140ksi），螺纹连接结构从最初的圆螺纹连接结构发展到当前的高气密封特殊螺纹连接和直连型等结构。高性能油井管材料与结构、油井管服役行为评价测试、管柱设计与仿真模拟、油井管完整性与失效控制等新材料、新技术与新工艺为油气井管材技术发展提供了有力支撑。特别是涉及油气井钻采本质安全的油气井管材材料技术的发展与应用，直接推动了石油工业钻采能力的提升、成本的降低，极大地促进了石油工业的规模化发展。

当前，随着国内外油气资源勘探开发深入进行，浅层及易动用油气资源日趋枯竭，油气钻采工况具有从浅层向深层、从常规向非常规、从陆地向海洋等方向发展的特征[12]。深层超深层油气田、高温高压油气田、高酸性气田、稠油超稠油油田、深水海洋油气田、页岩油气田、储气库等工况环境日趋苛刻；超深井、水平井、丛式井、大位移井等复杂工况井数量日益增多；大排量压裂及高压注水、注气、注聚合物驱油等措施作业工艺越发频繁。

我国西部深井超深井规模化开发已突破 8000m，具有山前构造复杂、盐膏层突出，地层富含腐蚀性介质等特征。川渝地区高温高压气井富含硫化氢介质，页岩气井非均匀应力载荷。东部地区油气田富含二氧化碳，并伴随着稠油超稠油高温蒸汽作业，注水井、二次开发井、低压低渗井等数量众多。近年来，变形、开裂及表面损伤等油气井管材失效事故越发突出，导致我国部分重点油气田和重大工程建设的质量和安全受到了严重的影响。

油气井环境工况复杂恶劣，石油工业高效开发对油气井管材的高强韧性、耐腐蚀、耐疲劳、耐高温、轻量化、耐磨损及质量均一性等提出了更加苛刻的性能要求。

---

* 1ksi=6.895MPa。

1. 高强韧性匹配

高强韧性匹配是保证油气井管材服役安全的基础，是保证管柱结构质量、降低钻机负载、提高钻井深度和安全余量、拓展钻井新工艺可操作窗口等最有效和直接的方式，也是避免井下管柱出现挤扁、弯曲、拉长、胀大、缩颈等变形失效最可靠的途径。

以钻杆为例，李鹤林等[13]通过对钻杆的失效分析发现，断裂和刺穿等失效概率与其材料冲击韧性呈负相关关系，即冲击韧性越高，失效概率越低。材料韧性越高，可允许的临界裂纹尺寸越大，当韧性提高到一定程度时，即使钻柱构件上的裂纹穿透管壁，也不会立即发生断裂。

李鹤林[14]通过分析认为，管材内在的微小缺陷或损伤难以避免，关键是防止其扩展。其临界值与 $K_{\mathrm{IC}}/\sigma_{\mathrm{y}}$ 有关，K_{IC} 为断裂韧性，即管材强度越高，需要匹配的韧性越高。

在保障服役安全的条件下，钢制管材冲击功与材料屈服强度的经验关系为

$$\mathrm{CVN} \approx \sigma_{\mathrm{y}}/10 \qquad\qquad (1.1)$$

式中，CVN 为材料室温冲击功（J）；σ_{y} 为材料屈服强度（MPa）。

目前，国内外商业化应用的钢制油气井管材屈服强度最高可达 155ksi（1069MPa）以上，室温冲击功大于 107J。由式（1.1）可知，当管材屈服强度达 200ksi（1380MPa）时，室温冲击功应大于 138J。实现高强韧性匹配管材的工业化稳定生产，对于现用传统 Cr-Mo 低合金钢体系仍然是较为困难的。为了进一步优化成分，通过晶粒细化、析出强化、相变强化、位错强化、大变形、热处理、纯净化等方法和工艺，研制具有更高性能协同的新材料及新工艺。通过引入航空航天、轨道交通、工程机械等领域新研发的低合金钢，针对性地开展油气钻采工况适用性评价和现场应用评价是当前油气井管材高强韧性材料开发应采用的方法和手段。

2. 耐腐蚀

良好的耐腐蚀性能是管柱长期安全服役的保障，也是避免腐蚀造成管壁减薄，管柱承载能力下降、密封性能降低，腐蚀疲劳和应力腐蚀疲劳等失效的有效途径。

当前有涂镀层、加缓蚀剂、阴极保护及选用耐蚀型合金或非金属材料等手段，主要通过物理隔绝、提高腐蚀电位、降低腐蚀电流密度、提高金属材料表面膜层致密度等原理改善管材耐腐蚀性能。

3. 耐疲劳

提高材料耐疲劳性能，可避免钻柱等油气井管材在钻井过程中发生疲劳、腐

蚀疲劳等失效，是提高钻柱使用寿命的有效途径。

提高管材耐疲劳性能的方法主要有合金成分设计与组织调控、熔体纯净化、表面改性等。此外，通过优化管柱结构、降低应力集中等也能有效抑制疲劳失效的发生。

4. 耐高温

油气井管材在井下高温环境下长期服役不可避免地发生性能衰减，导致出现高温断裂、变形、腐蚀损伤等失效事故。相对大陆地壳平均厚度 33km 而言，当前人类油气活动主要处于 10km 以内。随着浅层油气资源的日趋枯竭，深层油气资源的规模性开发已经成为趋势。随井深增加，井底温度以 20~30℃/km 的速度逐渐升高，我国塔里木盆地超深层 8000m 气井井底温度已达 180℃以上，其油气井管材的长期服役安全面临着巨大的挑战。

5. 轻量化

钛合金、铝合金、部分非金属等结构材料具有低密度、高强度、耐腐蚀、耐疲劳等特性，其研发与应用对于提高钻井深度和安全系数，降低钻机负荷和应力腐蚀断裂事故风险等具有十分显著的作用。此外，通过提高钢制材料的强度级别，可降低管材的结构尺寸，减轻管柱的悬重与结构负载，提高钻采工作效率，减轻劳动强度和降低成本等，是当前油气井管材研究的主要方向。

6. 耐磨损

随着井身结构的不断复杂化，各层管柱之间、管柱与井壁之间、管柱与工具之间、管柱与流体之间等磨损情况将更加严重，管柱材料的耐磨性能需求越发强烈。

增加管柱材料耐磨性能的主要途径有合金成分设计，组织调控，热喷涂、增材制造耐磨层、焊接耐磨带、安装高分子材料耐磨保护装置、微弧氧化等先进的表面改性技术等。

7. 质量均一性

油气井管柱工程建设属于高危行业，具有失效风险高、损失大等特点。受井下复杂、管柱在线监测及数据采集困难等因素制约，油气井管材在入井前必须保证质量均一性，避免因成分与组织不均、大尺寸与异常组织夹杂、组织裂纹、规格与尺寸偏差大及表面损伤等冶金与质量缺陷影响管柱的服役安全。

参 考 文 献

[1]　张洋. 常用钻井技术分析及其新技术展望[J]. 中国石油和化工标准与质量, 2012, 33(14): 62.

[2]　郝宝仁. 中国钻探发展简史[J]. 探矿工程, 1982(1): 66.

[3]　OLIVER K. Ancient Chinese drilling[J]. Canadian Society of Exploration Geophysicists Recorder, 2004, 29(6): 1-14.

[4]　Specification for drill pipe: API SPEC 5DP—2015[S]. Washington, D C: American Petroleum Insititute, 2016.

[5]　李建强, 于丽松, 牛成杰, 等. 石油钻杆的生产现状与发展趋势[J]. 焊管, 2017, 34(11): 35-38.

[6]　刘志超, 冯爽, 姚久红, 等.钻杆的失效分析和检测现状及其研究进展[J]. 热加工工艺, 2015, 44(6): 8-11.

[7]　Petroleum and natural gas industries—Aluminium alloy drill pipe: ISO 15546—2011 [S]. Switzerland: International Organization for Standardization, 2011.

[8]　孙宁. 钻井手册[M]. 北京: 石油工业出版社, 2013.

[9]　Specification for casing and tubing: API SPEC 5CT—2019[S]. Washington, D C: American Petroleum Insititute, 2019.

[10]　郭建明, 夏宏南. 完井工程[M]. 北京: 石油工业出版社, 2014.

[11]　李继志, 陈荣振. 石油钻采机械概论[M]. 2 版. 北京: 中国石油大学出版社, 2006.

[12]　石林, 汪海阁, 纪国栋. 中石油钻井工程技术现状、挑战及发展趋势[J]. 天然气工业, 2013, 33(10): 1-10.

[13]　李鹤林, 冯耀荣. 石油钻柱失效分析及预防措施[J]. 石油机械, 1990, 18(8): 38-44.

[14]　李鹤林. 李鹤林文集（下）——石油管工程专辑[M]. 北京: 石油工业出版社, 2017.

第2章 油气井管材的服役条件及失效类型

油气井管材研究以满足石油天然气工业勘探开发的高效和安全等国民经济重大需求为主要目标，以油气井管材的服役行为和结构安全等为主要研究方向，从选材设计、检测评价、材料结构、失效分析与完整性等方面开展研究工作。油气井管材研究涉及力学、材料科学与工程、石油天然气工程、机械工程、仪器科学与技术等多学科，开展相关研究工作必须掌握其服役工况特点。油气井管材服役工况特点主要受其材料与结构的内在因素（内因）及外部服役条件（外因）影响，在研究其内因前，必须首先明确油气井管材的外部服役条件。

油气井管材的服役条件主要取决于其所在管柱系统的外部服役环境，影响因素众多，如油气井的储层特征、岩性等地质构造特点，井型、深度、温度与压力等井况特征，钻井、储层改造、完井、驱油求产、修井等作业特点等。将复杂的外部因素总结归纳为服役载荷条件及环境介质条件。

2.1 油气井管材服役载荷条件

油气井管材服役载荷条件复杂、多变且苛刻，从管柱系统基本单元分析，主要包括服役应力状态（拉、压、弯、扭、剪、磨），服役载荷性质（静载荷、动载荷、交变载荷）和服役环境载荷（温度、压力）等[1]。

2.1.1 管柱服役基本应力状态

以钻杆、油套管柱为例，概括起来主要有以下几种基本应力状态：

（1）轴向力。处于悬挂状态的下部无约束管柱，在自重作用下，由上部自下部呈受拉状态。下部拉应力最小，井口处拉应力最大。井筒中管柱受到的浮力自上而下逐渐增大，使管柱受拉减小，而管柱内部液柱压力作用于管柱使管柱拉应力增大。起下钻过程中，管柱与井壁之间的摩擦力及井下复杂工况下的阻卡均会增大管柱的轴向力。

（2）径向挤压力。起下钻作业时，液压大钳、卡瓦等作用于管材外壁形成挤压力。井下服役时，管柱与地层之间、管柱外壁与液柱等产生的应力使得管柱受压（内压、外压）。如图2.1所示为页岩气等典型工况下套管柱服役基本应力状态，在页岩气等非均质地层、水平井降落点、大曲率处、水平段、热采井泥岩段及深井盐膏层段等位置，其径向挤压力尤其显著。在开关井、气举等作业过程中，油管柱在重新建立压力平衡过程中会产生较大的径向挤压力。

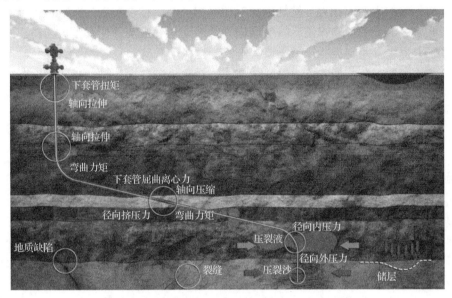

图 2.1　页岩气等典型工况下套管柱服役基本应力状态

（3）弯曲力矩。弯曲力矩产生的原因较为复杂，钻柱因井眼轨迹设计等可引起钻压超过钻柱临界值造成弯曲变形，形成弯曲力矩。此外，钻柱在旋转钻进时，由于离心力及钻杆直线度等会产生弯曲力矩；在钻台进行的旋转、上提下放等管柱作业会使下部管柱产生弯曲力矩。

（4）离心力。钻柱和页岩气等工况下的套管柱，在钻压的作用下均会产生弯曲。在一定条件下，弯曲的套管柱会围绕井眼中心线旋转产生离心力，使管柱发生屈曲。

（5）扭矩。钻井过程中，转盘将扭矩传递给钻柱，钻柱带动下部钻头破岩。由于钻柱与井壁、泥浆等存在摩擦阻力，使钻柱承受扭矩。上卸扣过程中，管材螺纹连接部分也受到液压钳施加的扭矩作用。

2.1.2　管柱服役载荷

管柱服役过程中的载荷主要有静载荷、动载荷及交变载荷等。静载荷条件下，载荷缓慢增长，然后保持不变，应力不随时间的改变而变化。管柱内各位置加速度很小，可忽略不计。动载荷条件下，载荷随时间急剧变化，管柱的应力、应变、位移等产生显著变化，管柱内各位置点加速度差异明显。交变载荷条件下，载荷随时间呈周期性变化，属于疲劳问题。管柱动载荷和交变载荷在实际服役过程中非常复杂，往往同时出现，常见的管柱动载荷和交变载荷如下：

（1）振动载荷。在钻井过程中，由于钻头突起的结构特点，引起钻柱纵向跳动，当外界的周期干扰力与钻柱的固有频率相同时，钻柱发生共振。在高温高压油气井中，流体的冲击作用、排量和压力等波动会导致油管柱发生振动。在海洋环境中，隔水管及各类立管受洋流涡击，产生振动载荷。

（2）弯曲载荷。旋转钻进时，管柱不可避免地与井壁接触，在同一位置截面处与井壁接触端受压而未接触端受拉，受钻柱自身旋转影响，管柱每旋转一周应力的变化完成一个循环。因此，钻柱上的每一点均承受着对称的旋转弯曲交变载荷。

（3）冲击载荷。管柱在运输、现场操作过程中，不可避免地与各类配套设备接触产生冲击载荷。管柱在井下作业过程中发生屈曲时与井壁突起或管柱接触均会产生冲击载荷，这种载荷在旋转的钻杆柱和上提下放的套管柱中较为普遍。在射孔等作业过程中，爆轰造成的冲击载荷对于油管柱的作用显著。

（4）摩擦载荷。管柱在起下钻等作业过程中与井壁、岩屑、流体接触产生摩擦载荷。钻柱旋转钻进时存在绕自身轴线（自转）、井眼中心线（公转）和既自转又公转三种方式。由于井眼直径由钻头外径决定且大于钻柱直径，而钻杆接头外径又大于管体，在旋转钻井方式下，钻杆接头将普遍产生偏磨。钻柱与套管柱接触也会产生摩擦载荷，极端情况下会磨穿套管。由于油管柱内壁的抽油杆柱上下往复运动也会产生摩擦载荷。

以海洋油气工况为例，其钻柱服役典型载荷性质如图 2.2 所示。

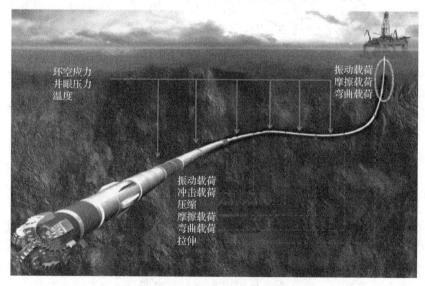

图 2.2　海洋油气工况钻柱服役典型载荷性质

2.1.3　管柱服役环境载荷

在管柱实际服役环境中，除力学载荷外，还存在井下环境温度、压力变化等造成的环境载荷，可总结为温度效应、活塞效应、螺旋弯曲效应和鼓胀效应[2]。一般而言，随油藏深度增加，管柱服役温度和压力逐渐上升，如图 2.3 所示。

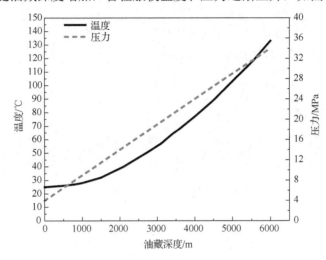

图 2.3　油藏深度与管柱温度及压力关系[2]

（1）温度。管柱服役过程中，井口为室温，我国当前正在开发的塔里木深层等 8000m 高温高压气井井底温度一般可达 180℃以上[3]，新疆油田等热采稠油井注蒸汽管柱温度可达 350℃，辽河火驱稠油井近井筒管柱高温带温度可达 900℃以上，火驱稠油井近井筒管柱高温带如图 2.4 所示。在酸化压裂、注水、注蒸气、注聚等作业过程中，管柱温度将会产生较大的变化，温度的改变造成管柱局部产生形变，这种形变转化为管柱受力，产生温度载荷，即温度效应。

（2）压力。在钻井初期，地层压力未释放，管柱内部主要受液柱压力影响，并随钻井深度增加而增大，在钻井遇异常高压层时，管柱需承受压力变化波动带来的动载荷影响。在酸化、注水等钻完井压裂施工过程中，为取得良好的压裂效果，现场井口施加压力高达 140MPa 以上，该附加压力作用在管柱上，会形成一个沿管柱径向的内压力，而油套环空因液柱影响同时存在一个与其相反的外挤力。一般而言，对于带封隔器的井，当管柱上某点外挤力小于内压力时，管柱将发生螺旋弯曲效应。在生产阶段，部分超深油气井地层压力可达 100MPa 以上，使管柱内外壁产生较大的压差变化。对于储气库等强注强采井，管柱需要在短时间内承受剧烈的反复压力变化，压差可达 70MPa 以上。基于上述压力载荷，在管柱变径处或螺纹连接处，内外压力变化造成的管柱变形，称为活塞效应。此外，管柱内外压力不平衡还会造成管柱发生扩径或缩颈现象，称为鼓胀效应。

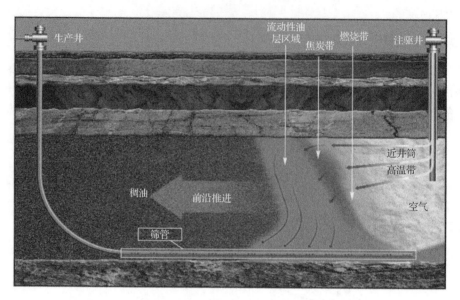

图 2.4　火驱稠油井近井筒管柱高温带

2.2　油气井管材服役环境介质

　　油气井管材服役环境介质多样，具有多种流态耦合、介质时效性变化大、空间差异明显等特点。油气井管材服役环境介质主要由原油、天然气中的烃类、伴生的非烃类与钻采作业过程中注入的气/液/固等介质构成。按照环境介质对管柱服役损伤的影响，可将除烃类物质外的其他环境介质分为如下主要类型：地层水、凝析水等水介质类；硫化氢、二氧化碳等酸性气体类；元素硫及硫化物等硫类；溶解氧类；硫酸盐还原菌等细菌类；碳酸盐、氯化物等矿物盐类；为提高采收率注入的盐酸、氢氟酸等酸类；聚合物类等[4]。

　　服役环境介质对管柱最直接的影响表现为电化学腐蚀和化学腐蚀损伤。电化学腐蚀是油气井管材最主要的环境损伤方式，管材在服役环境中与水、各类气体、矿化物等介质溶液接触形成腐蚀电池，金属趋向失去电子形成金属化合物即腐蚀产物，介质溶液趋向获得电子生成各类化合物和单质。电化学腐蚀主要类型有均匀腐蚀、点蚀、电偶腐蚀、环境断裂、应力腐蚀、腐蚀疲劳、流体诱导腐蚀、冲刷腐蚀、杂散电流腐蚀等。

　　化学腐蚀是指金属表面与非电解质直接发生的纯化学反应。电子的传递是在金属与氧化剂之间快速完成的，无腐蚀电流产生，如酸化过程中油管钢的铁基金属表面与 HCl、H_2SO_4 等酸液直接接触产生的腐蚀等。

2.2.1　水介质

管柱中电化学腐蚀过程的进行是以水介质为必要条件的，包括钻采过程中井下产生的地层水、凝析水及井口注入的水和水蒸气等。水介质是气体类、硫化物类、细菌类、盐类、酸类等环境介质的重要载体[5]，由于井下温度、压力的变化等，水介质流态、流场及相态都会发生变化，对管柱服役的影响也不同。在管柱的选材过程中须对这些变异因素加以考虑，须通过有资质或经验的实验室进行室内模拟评价、油田现场试验等验证。

2.2.2　硫化氢

在油气井管柱服役环境介质中，危害性最大的是 H_2S 与 CO_2 等酸性气体介质，其中 H_2S 介质对钢制材料管柱服役的影响十分显著。井下 H_2S 气体主要来源有两种，一种由地层油气伴生，如硫酸盐还原菌在水中反应生成、岩浆活动使深部岩石受热产生、硫酸盐与有机物热化学分解产生；另一种由钻完井作业过程中注入的各类酸、有机盐等介质发生化学反应生成。

含水的 H_2S 会引起管材的均匀腐蚀和局部腐蚀。其中，局部腐蚀对于管柱服役影响远远大于均匀腐蚀，往往造成应力腐蚀断裂等重大事故。H_2S 具有剧毒，此类事故会导致重大安全问题和环境问题。H_2S 均匀腐蚀膜腐蚀产物类型多样，H_2S 均匀腐蚀膜及产物如图 2.5 所示。对 H_2S 均匀腐蚀膜的研究表明[6]，腐蚀产物与钢的种类、化学成分和组织结构，介质溶液中的其他成分及 pH、温度、压力等有关，主要有 FeS、Fe_2S、FeS_2、Fe_3S_4、Fe_9S_8 等。

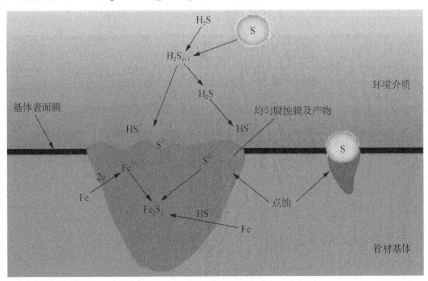

图 2.5　H_2S 均匀腐蚀膜及产物[4]

　　H₂S 介质引起的管材均匀腐蚀与其含量、温度、压力、材料的成分与组织等因素，以及腐蚀过程中氢元素的作用密切相关[7]。研究 H₂S 均匀腐蚀的机理对于认识 H₂S 点蚀、坑蚀、氢鼓包、氢致开裂（hydrogen induced cracking，HIC）、硫化物应力腐蚀开裂（sulfide stress corrosion cracking，SSCC）等局部腐蚀问题具有重要的意义，是解决生产实践中大量 H₂S 局部腐蚀造成管柱失效的基础，此部分研究工作还需要进一步深入。

　　H₂S 环境中的应力腐蚀开裂（stress corrosion cracking，SCC）是腐蚀介质和拉伸应力共同作用下的一种低应力环境破裂行为，是所有管柱服役环境失效中最严重、危害性最大的一种局部腐蚀形式。H₂S 环境中碳钢的应力腐蚀与氢脆机制如图 2.6 所示，H₂S 环境中的应力腐蚀开裂可能是应力尖端阳极溶解造成的，也可能是应力尖端阳极溶解与阴极过程放出的氢原子或环境中的氢原子进入金属基体导致氢脆共同作用的结果[8,9]。

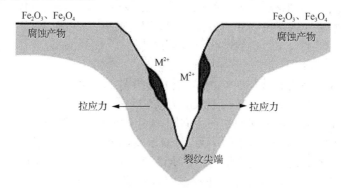

（a）H₂S 环境中的应力腐蚀开裂的应力尖端阳极溶解

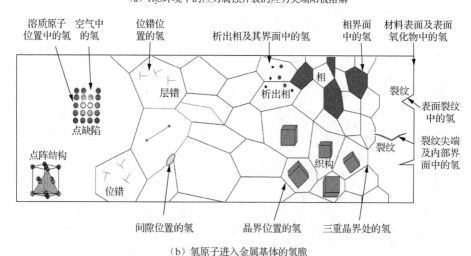

（b）氢原子进入金属基体的氢脆

图 2.6　H₂S 环境中碳钢的应力腐蚀与氢脆机制[5]

2.2.3　二氧化碳

CO_2 是油气井管材服役环境介质中的酸性气体介质，研究表明井下 CO_2 主要来自各层系气态烃、深部幔源气、钻采过程注入的各类酸、有机盐等之间的化学反应，以及增产注入的 CO_2 等[10]。

CO_2 溶于水后具有极强的腐蚀性，特别是在 CO_2 含量较高的气田，CO_2 环境介质对于钢制管柱的服役损伤十分严重。相对 H_2S 环境介质中管柱由于氢损伤致裂等局部腐蚀损伤为主而言，CO_2 环境介质下往往在发生均匀腐蚀损伤的同时又发生严重的局部腐蚀损伤。

CO_2 腐蚀膜产物类型主要是 $FeCO_3$，在高温下可能出现 Fe_3O_4 掺杂的 $FeCO_3$ 膜[11]。腐蚀速率与其含量、温度、压力、流体相态、材料的成分与组织等因素有关。如在天然气管柱中，靠近储层烷烃处温度、压力高，CO_2 流体处于超临界状态，以液相为主，随深度降低，管柱内温度与压力降低。当压力低于超临界条件时，以气相为主，密度、溶解度、流速等均发生显著变化，造成同一管柱系统内不同位置 CO_2 环境介质的酸度及作用形式等差别较大，腐蚀损伤差异明显，CO_2 随温度-压力转变相图如图 2.7 所示。

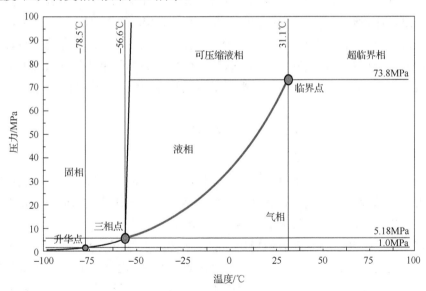

图 2.7　CO_2 随温度-压力转变相图

2.2.4　其他介质

溶解氧、硫化物、矿化盐、细菌及各类酸等影响管柱服役的环境介质主要来自地层水，油气伴生非烃类，钻采过程中的钻井液、完井液，注水、注气、酸化等各类提高采收率措施中注入管柱的各类气体和液体[12]。其中，溶解氧环境介质腐蚀损伤机理如图 2.8 所示。

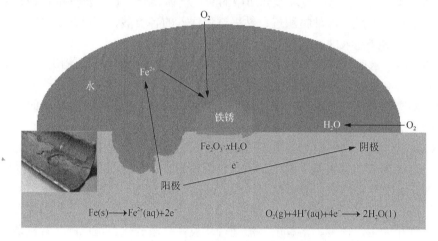

图 2.8　溶解氧环境介质腐蚀损伤机理

上述环境介质通过电化学与化学腐蚀，造成管柱损伤，其影响因素主要包括介质温度，服役时间，pH，O_2 含量，Cl^-、Ca^{2+}、Mg^{2+}等矿物质离子含量，总矿化度，硫化物及细菌含量，介质流态等。在实际工况环境中，各环境介质之间，各环境介质与服役载荷之间发生耦合及交互作用，影响效果非常复杂且多变，部分情况下会缓解管柱损伤，而大多情况下会对管柱造成更加严重的破坏。

2.3　油气井管材失效类型

油气井管材服役安全受材料性能、制造与施工质量、服役条件等多因素影响，油气井管材服役条件的复杂、恶劣、多变等特点造成设计阶段选材评价要求高、难度大，以及实际服役阶段失效事故多、影响大。

20 世纪 80 年代，在工程材料研究院李鹤林院士的带领下，我国建立了石油管材及装备材料服役行为与结构安全国家重点实验室和国家石油管材质量监督检验中心为依托的石油管材及装备材料的失效分析平台，形成了从宏观结构形貌到微观组织特征，从小试样理化性能到全尺寸实物承载能力，从理论分析计算到重现性模拟验证等全方位、多维度的失效分析技术体系，为我国石油工业的发展提供了重要技术支撑[13]。

油气井管材失效分析的目的是查明失效原因，提出防止或减少失效的措施，降低失效频率和失效后的影响程度。以钻具、油套管为例，常见失效主要有变形、断裂和表面损伤三大类型。

2.3.1　变形

油气井管材变形分为横向变形和纵向变形，失效形式主要包括挤扁、弯曲、拉长、胀大、缩颈等，常见失效原因及典型形貌总结如下。

1. 挤扁

在酸化压裂等工况条件下，一般采用连续油管气举排液，现场常因油管内壁腐蚀减薄，在内外压力条件下剩余抗挤毁强度在气举过程中不满足承压能力要求，造成挤扁失效。外加厚油管在气举服役过程中挤扁失效形貌如图 2.9 所示。

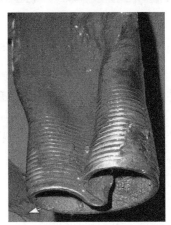

（a）挤扁失效管　　　　　　　　　　　（b）管端放大

图 2.9　外加厚油管在气举服役过程中挤扁失效形貌

2. 弯曲/剪切

在非均质地层等工况条件下，因不同方向应力差异显著，岩石发生横向蠕变，使套管受到较大的剪切应力，发生塑性弯曲变形，直至错断失效。非均质地层中套管弯曲变形形貌如图 2.10 所示。此外，在井下复杂等条件下，钻杆、油管等受压发生弯曲变形也较为常见。

3. 拉长/屈曲

过量轴向力和管材服役性能衰减，造成管柱材料发生轴向屈服、拉长变形。在起下钻过程中局部管柱遇阻卡、热采井等高温工况下套管柱长期服役时，此种情况较为常见。

（a）宏观形貌

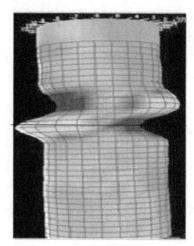

（b）软件模拟

图 2.10　非均质地层中套管弯曲变形形貌

　　此外在超深井、水平井等复杂工况条件下的钻井、完井、压裂、采油等过程中，管柱受井眼约束弯曲和拉长变形引起的屈曲问题十分突出，会引起钻头方向改变及井下摩阻和扭矩显著增加甚至锁死管柱，进而导致钻具疲劳破坏、油管密封失效、管柱连接失效、连续管无法下入及偏磨等。套管柱屈曲后管体局部宏观形貌及应力分布如图 2.11 所示。

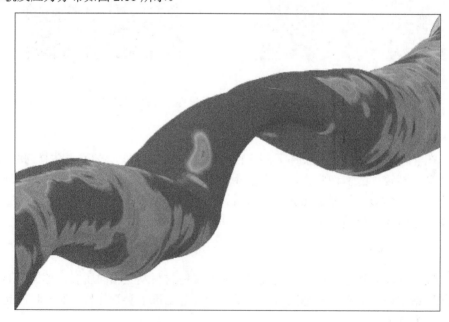

图 2.11　套管柱屈曲后管体局部宏观形貌及应力分布

4. 胀大

在钻井过程中,对钻杆施加较大的扭矩等会造成钻柱接头位置应力集中过载,引起接头外径胀大,使内螺纹连接处胀大脱扣失效。钻杆内螺纹连接处胀大失效形貌如图 2.12 所示。此外,在管柱服役过程中因温度效应、鼓胀效应等也会造成管柱的局部胀大。

图 2.12　钻杆内螺纹连接处胀大失效形貌

5. 缩颈

在热采井等工况条件下,套管柱受两端约束影响,随温度变化、水泥环胶结强度差和围岩刚度差等综合作用,套管易发生缩颈变形。此外,在钻井过程中因井壁突起卡挂、井下复杂等工况影响,现场上提下拉钻柱等操作极易造成局部过载缩颈变形。套管缩颈铅印及钻杆管体局部过载缩颈失效形貌如图 2.13 所示。

（a）套管缩颈铅印　　　　　　　　　　　　（b）钻杆管体局部过载缩颈

图 2.13　套管缩颈铅印及钻杆管体局部过载缩颈失效形貌

2.3.2　断裂

油气井管材断裂失效形式主要包括拉断、剪切断裂、扭断、破裂、应力开裂、脆断、疲劳断裂和脱扣等。

1. 拉断

在实际服役条件下，遇阻卡时上提载荷过量、材质组织不合格及性能衰减等均会导致管柱的过载断裂失效，其断口表现为塑性断裂，局部发生缩颈，直至拉断。油管管体拉伸至失效断裂处形貌如图 2.14 所示。

图 2.14　油管管体拉伸至失效断裂处形貌

2. 剪切断裂

剪切断裂是指管柱在剪应力作用下发生的径向断裂，此种情况在非均匀应力作用条件下较为常见，如在页岩气和稠油热采等工况条件下服役的套管柱。此类失效危害较大，修井困难，极易造成油气井的报废。套管非均匀加载后的剪切断裂失效形貌如图 2.15 所示。

图 2.15　套管非均匀加载后的剪切断裂失效形貌

3. 扭断

钻柱在井内的工作条件复杂多变。钻压的变化、钻头交替接触井底、地层变化、转盘的旋转等引起的纵横向振动和应力的周期变化，会造成钻柱负载增大。特别是在存在组织缺陷的位置，如含裂纹等缺陷条件下，一旦施加较大的扭矩，极易在接头等应力集中部位发生扭断失效。钻杆接头台肩根部扭断断口宏观及裂纹形貌如图 2.16 所示。

（a）断口宏观形貌 （b）裂纹形貌

图 2.16 钻杆接头台肩根部扭断断口宏观及裂纹形貌

4. 破裂

管材破裂主要表现为接箍或管体纵向开裂，其失效原因主要是径向压力作用，与过量内压载荷、材质壁厚减薄及材质缺陷等因素关系密切。

在压裂作业过程中，油管内壁组织存在晶间裂纹，在高内压条件下造成管体失效，其宏观形貌及断口截面微观裂纹形貌分别如图 2.17（a）、（b）所示。

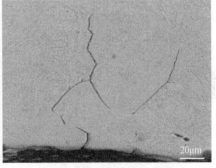

（a）宏观形貌 （b）断口截面微观裂纹形貌

图 2.17 油管管体破裂宏观形貌及断口截面微观裂纹形貌

某超深井试油过程中，在复杂应力条件下大尺寸夹杂物、热处理裂纹、组织脱碳等材料质量问题，造成接箍纵向破裂，其宏观形貌及断口位置微观缺陷组织如图 2.18 所示。

5. 应力开裂

钻杆、油套管在实际服役过程中的应力开裂问题较为突出，特别是在高压气井措施作业工况条件下，主要表现为应力腐蚀断裂。图 2.19 为某高压气井油管在服役过程中发生的管体应力腐蚀断裂失效的宏观形貌及断口附近的裂纹形貌。分

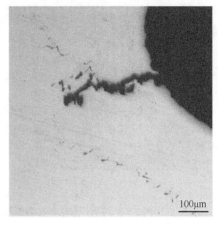

（a）宏观形貌　　　　　　　　　（b）断口位置微观缺陷组织

图 2.18　油管接箍纵向破裂形貌

析认为，该井油管材料在磷酸盐溶液作用下，承受较大的轴向拉应力载荷，导致公扣螺纹根部应力集中部位首先发生应力腐蚀开裂。

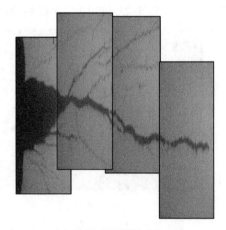

（a）宏观形貌　　　　　　　　　（b）断口附近裂纹形貌

图 2.19　油管管体应力腐蚀断裂失效

图 2.20 为某超深井在钻井过程中钻杆管体硫化氢应力腐蚀导致开裂断口的形貌。可以看出材料呈脆性断口形貌，断口平整。此类断裂一般发生在低应力条件下，裂纹源分布在应力集中点、机械损伤、腐蚀孔、焊接热影响区、焊缝缺陷、淬硬组织等部位。硫化氢应力腐蚀的裂纹形貌特征主要表现为裂纹粗大、无分枝或少分枝，多为穿晶型，也有晶间型或混合型。

图 2.20　钻杆管体硫化氢应力腐蚀导致开裂断口的形貌

6. 脆断

脆性断裂（脆断）相对韧性断裂，主要指在断裂前不产生或产生很少的塑性变形，大多数情况下其断口主要为解理断裂和沿晶断裂，分别沿解理面和晶界断裂。

图 2.21 为某井在钻井过程中发生的钻杆接头脆断宏观形貌及断口微观组织形貌，其宏观断口较为平整，无明显塑性变形，断口微观组织中具有沿晶裂纹。

（a）宏观形貌　　　　　　　　　（b）微观组织形貌

图 2.21　钻杆接头脆断

图 2.22 为某井 N80-1 类油管管体脆断的宏观形貌及断口照片，通过分析发现，其组织晶粒度粗大，且混晶现象明显。

7. 疲劳断裂

疲劳断裂是指塑性或脆性材料在交变应力作用下，产生的疲劳裂纹扩展到一

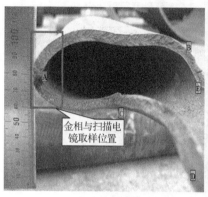
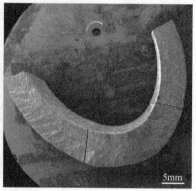

（a）宏观形貌　　　　　　　　　　（b）断口照片

图 2.22　N80-1 类油管管体脆断

A～E 为特征位置

定尺寸后发生的突然破坏，宏观断口一般有裂纹源区、扩展区和瞬断区，在扩展区可观察到疲劳弧带，并以裂纹源为中心向四周扩展。疲劳裂纹多萌生于钻杆接头螺纹根部（图 2.23）、过渡台肩（图 2.24）、加厚过渡带、焊缝、耐磨带（图 2.25）、热影响区等结构薄弱或结构突变处，以及夹杂物、白点、脱碳等缺陷部位。在油气井实际服役环境中，疲劳断裂一般以腐蚀疲劳形式表现，即受腐蚀环境和疲劳载荷双因素非叠加性影响，使得材料的疲劳寿命显著降低。与应力腐蚀开裂相比，腐蚀疲劳失效更具有普遍性，即腐蚀疲劳不需要特定的环境敏感性金属材料即可发生。

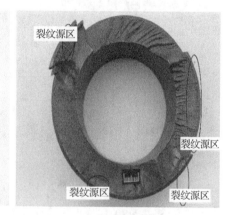

（a）断裂失效形貌　　　　　　　　（b）断口宏观形貌

图 2.23　钻杆接头外螺纹根部疲劳断裂

8. 脱扣

脱扣主要与螺纹参数不合、粘扣、上扣不到位、错扣等加工质量不合格及现

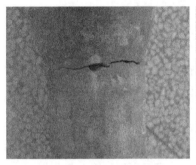
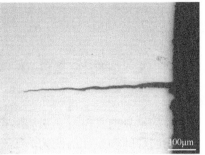

（a）宏观形貌　　　　　　　　　　（b）裂纹特征

图 2.24　钻杆接头过渡台肩处疲劳断裂

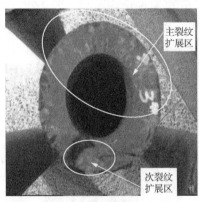

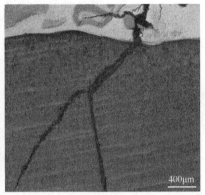

（a）宏观形貌　　　　　　　　　　（b）裂纹微观形貌

图 2.25　钻杆接头耐磨带位置疲劳断裂

场操作不当导致的螺纹连接强度下降相关。图 2.26 为某超深井在下油管作业过程中油管下入过快、液压大钳选用不合理等造成的错扣引发井下螺纹连接部位滑脱失效的宏观图片。

（a）接箍螺纹脱扣部分宏观形貌　　（b）管体外螺纹脱扣部分宏观形貌

图 2.26　油管螺纹连接部位滑脱失效

2.3.3　表面损伤

表面损伤主要包括腐蚀、磨损、机械损伤及各类制造缺陷等。

1. 腐蚀

腐蚀是最为常见的管材表面损伤形式，表现为管材材料从元素态转变为化合态而失重，引起性能和尺寸的变化，如管壁减薄、承载能力下降、螺纹连接密封降低等。腐蚀引起的蚀坑、沟槽等可促进其他类型的失效，如蚀坑、沟槽可降低承压能力、可作为裂纹源引发应力腐蚀及腐蚀疲劳等失效。腐蚀还原产物，如氢元素可进入金属，引发材料氢损伤。管材腐蚀形貌多样，图 2.27 为某油田注水井用低合金钢涂层油管腐蚀失效形貌，图 2.28 为某气井用 13Cr 油管冲蚀穿孔形貌，图 2.29 为某气井用低合金钢油管内壁冲蚀及火驱井用套管外壁高温氧腐蚀形貌。

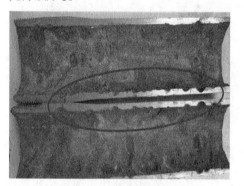

（a）管体内壁涂层脱落及点蚀形貌　　　　　　（b）管体螺纹连接处点蚀宏观形貌

图 2.27　某注水井用低合金钢涂层油管腐蚀失效形貌

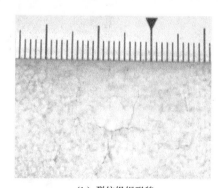

（a）宏观形貌　　　　　　　　　　　　（b）裂纹组织形貌

图 2.28　某气井用 13Cr 油管冲蚀穿孔形貌

（a）气井用低合金钢油管内壁冲蚀

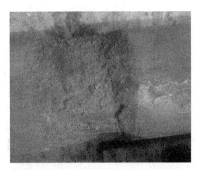
（b）火驱井用套管外壁高温氧腐蚀

图 2.29　某气井用低合金钢油管内壁冲蚀及火驱井用套管外壁高温氧腐蚀形貌

2. 磨损

磨损主要有黏着磨损、磨料磨损及冲蚀磨损。在起下管柱过程中，螺纹连接部位需要反复上卸扣，发生黏着磨损，如图 2.30 所示。钻杆在钻井过程中，反复与井壁或套管等接触，发生钻杆或套管的磨料磨损，如图 2.31 所示。管柱在生产过程中，油、气、固等在管柱内壁高速流动冲刷，在发生电化学腐蚀作用的同时发生冲蚀磨损。

（a）公扣螺纹磨损

（b）对应螺纹磨损

图 2.30　螺纹连接部位的黏着磨损

（a）油管外壁磨损

（b）钻杆外壁磨损

图 2.31　钻杆在作业过程中造成的磨料磨损

3. 机械损伤

机械损伤包括表面碰伤，大钳、卡瓦及其他工具接触后损伤等，油管外壁及接箍机械损伤如图 2.32 所示。井下管柱服役过程中机械损伤常常造成局部腐蚀、疲劳、应力腐蚀开裂、腐蚀疲劳、脆性断裂、螺纹连接处密封泄漏等。

（a）油管外壁液压钳夹持造成的损伤　　　　　（b）特殊螺纹结构接箍端面碰伤

图 2.32　油管外壁及接箍机械损伤

4. 制造缺陷

在材料制造阶段主要有脱碳、夹杂、偏析、裂纹等组织缺陷，壁厚、外径、椭圆度、螺纹参数不合等结构尺寸缺陷，麻坑、折叠、青线（图 2.33）、颤纹、密封面损伤（图 2.34）等表面缺陷。

（a）轧机辊型不当造成的表面划伤青线　　　　　（b）冶金缺陷造成的折叠

图 2.33　油管管体表面制造缺陷

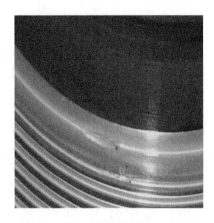

（a）公扣密封端面加工颤纹　　　　　　　　　　（b）接箍密封面损伤

图 2.34　特殊螺纹油管的表面制造缺陷

参 考 文 献

[1]　李鹤林, 冯耀荣. 石油钻柱失效分析及预防措施[J]. 石油机械, 1990, 18(8): 38-44.

[2]　李春颖. 高压注水工艺管柱优化研究[D]. 荆州: 长江大学, 2017.

[3]　杨向同, 吕拴录, 谢俊峰, 等. 克深 2-2-12 高压气井 S13Cr110 钢制油管开裂和泄漏原因分析[J]. 理化检验(物理分册), 2019, 55(11): 786-790.

[4]　冯耀荣, 韩礼红, 张福祥, 等. 油气井管柱完整性技术研究进展与展望[J]. 天然气工业, 2014, 34(11): 73-81.

[5]　张智. 恶劣环境油井管腐蚀机理与防护涂层研究[D]. 成都: 西南石油大学, 2005.

[6]　尹成先, 付安庆, 李时宜, 等. 石油天然气工业管道及装置腐蚀与控制[M]. 北京: 科学出版社, 2017.

[7]　李鹤林. 李鹤林文集（下）——石油管工程专辑[M]. 北京: 石油工业出版社, 2017.

[8]　刘敏. C110 油套管微观结构和硫化物应力开裂机理研究[D]. 上海: 上海大学, 2018.

[9]　李婷. 高钢级油套管用钢 SSC 抗力及开裂行为研究[D]. 西安: 西安石油大学, 2017.

[10]　刘满军. 曙光油田火驱油套管腐蚀现状及对策[J]. 化工管理, 2017(18): 219.

[11]　刘传森, 李壮壮, 陈长风. 不锈钢应力腐蚀开裂综述[J]. 表面技术, 2020, 49(3): 1-13.

[12]　陈立超, 王生维, 张典坤, 等. 陇东地区煤层气井油管柱腐蚀机理研究[J]. 西南石油大学学报(自然科学版), 2020, 42(1): 170-180.

[13]　边吉辰. 李鹤林院士简介[J]. 河北科技大学学报, 2006(1): 98.

第3章　高强韧低合金钢

低合金钢具有强韧性佳、抗疲劳等综合性能优良、性价比高等特点，是当前石油天然气工业油气井管材最主要的结构材料，占比约 90%。现代石油工业的规模化发展与钢铁材料的性能提升、成本降低等具有极为密切的关系，特别是钢制管材承载能力和服役寿命的不断提升，推动了石油工业钻采技术从浅层向深层、常规向非常规、陆地向海洋等方向的不断发展。

按照当前油气井管材生产标准，将钢制管材分为 API 管材和非 API 管材。其中 API 管材是指按照 API 现行标准生产的管材，而非 API 管材泛指其钢级性能要求、螺纹连接结构特点、尺寸规格等超出 API 现行标准范围的管材。

本章首先重点介绍以高强韧低合金钢为主导的 API 管材的材料体系、发展历程、现状及未来趋势；其次，针对当前复杂工况油气井开发对非 API 管材技术需求，介绍部分典型非 API 管材的类型、特点及强韧性等；最后，结合作者科研实践，较为详细地讨论一种非调质新型 Mn 系含 Nb 贝氏体复相钢的相变及强韧性，希望能够为我国油气井管材用高强韧低合金钢研究提供借鉴。

3.1　API 管材

API 成立于 1919 年，1923 年建立了标准化部，开始从事标准化业务[1]。建立初期，在石油管材与装备方面，API 主要致力于不同厂家产品规格、尺寸统一和规范化，保证互换性。随后，API 发展了系列化标准，内容涉及材料、性能、化学成分、制造方法、使用维护和验收等，现已形成较为全面的标准化体系，并成为全世界石油工业接受最广泛的基础性标准。虽然国际标准化组织（International Organization for Standardization，ISO）等国际组织也颁布了多个石油管材标准，但目前世界上大多数国家的油气井管材采用 API 标准生产。API 在保证油田设备的安全与互换方面取得了令人瞩目的成就。

3.1.1　国外发展与应用

长期以来，各国石油工业界使用的管材主要是 API 标准管材，API 标准管材中相关钢级参数技术来源基本以钢铁材料，特别是低合金钢材料为主导。按照各阶段 API 管材的材料强度级别及应用特点，可将其材料发展划分为五个阶段。

（1）1924～1940 年，发展应用的主要强度范围为屈服强度 165～310MPa（24～

45ksi），抗拉强度 290～517MPa(42～75ksi)。材料体系主要包括生铁、熟铁、低碳钢、中碳钢和高碳钢。

（2）1940～1960 年，发展应用的典型钢制管材主要强度范围为屈服强度 172～551MPa（25～80ksi），抗拉强度 276～690MPa（40～100ksi）。此阶段管材材料体系中低强度（55ksi 及以下）系列成分主要来源于 AISI 1050 钢。高强度（55ksi 以上）系列主要在 AISI 4100 系列低合金钢基础上改进而成。

（3）20 世纪 60～80 年代，随着高强度低合金钢设计理论日趋成熟，发展形成了 X95、G105、P110、Q125 和 S135 等当前石油工业中油气井管柱大量使用的主体钢级系列管材，主要强度范围为屈服强度 276～931MPa（40～135ksi），抗拉强度 414～1000MPa（60～145ksi）。

该发展阶段受各国冶金水平及材料技术影响，油气井管材采用的材料成分差异较大。以钻杆为例，其中高强度钻杆螺纹接头以 AISI 4137HM、36CrNiMo4 和 40CrNiMo5 等为主要原型材料，管体主要以 AISI 4142、AISI 4340 和 34CrMo4 等为原型材料[2]。归纳总结该阶段国外主要生产企业管体材料成分范围（质量分数/%）为 C 0.32～0.45，Mn 0.60～1.80，Si 0.15～0.70，Cr 0.40～1.10，Mo 0.15～0.40，Ni 0～2.0，P≤0.040，S≤0.045；接头材料成分范围（质量分数/%）为 C 0.34～0.48，Mn 0.60～1.05，Si 0.15～0.35，Cr 0.75～1.20，Mo 0.15～0.25，Ni 0～1.10，P≤0.040，S≤0.040。管体与接头多采用淬火和回火工艺，美国、日本以水淬和回火工艺为主，德国以油淬和回火工艺为主，苏联则以正火和回火工艺为主。

对于油套管材材料体系，各国各生产厂差别更大，总体上表现为低强度油套管材一般采用低中碳钢；高强度和超高强度管材则采用 Mn 系、Mn-Si 系、Mn-Mo 系、Cr-Mo 系、Mn-Mo-V 系、Cr-Mn-Mo-V 系、Cr-Ni-Mo 系和 Cr-Ni-Mo-V 系等，高强度和超高强度管材一般均进行调质处理。

除 API 钢级材料外，日本住友金属、德国瓦卢瑞克・曼内斯曼钢管公司（Vallourec & Mannesmann Tubes，V&M）、美国钢铁和日本钢管等公司在 95ksi 钢级抗硫油套管材、140ksi 以上钢级高强度套管和低温油套管材等方面开展了研究。相关研究为现代超深井、高含硫井等复杂工况油气井用非 API 管材材料体系研究奠定了基础[3]。

（4）20 世纪 80～90 年代末，随着热机械控制轧制（thermo-mechanical control process，TMCP）等钢铁材料工艺改进，以及 Nb、V、Ti 等微合金化理论和技术发展成熟，油井管材料性能设计趋向高强韧性匹配、耐腐蚀、耐疲劳、低成本等方向发展。TMCP 是指热轧过程中，在加热温度、轧制温度和压下量等轧制工艺控制的基础上，实施空冷或控制冷却的技术总称，低合金钢的 TMCP 过程各阶段组织变化如图 3.1 所示。

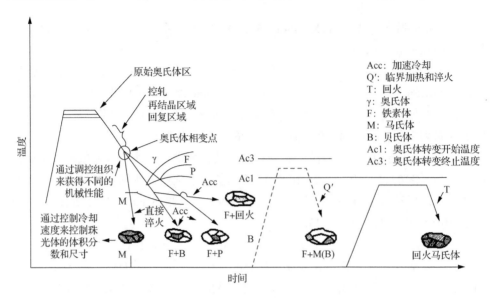

图 3.1　低合金钢的 TMCP 过程各阶段组织变化示意图

此阶段国内外主要制造厂典型 API 标准钢级 G105、S135 钻杆化学成分如表 3.1 所示[4]。由表 3.1 可归纳总结出以美国、日本等国外主流制造厂生产的 API 钢级 G105、S135 的钻杆管体材料，其主要成分范围（质量分数/%）为 C 0.24~0.35，Mn 0.52~1.55，Si 0.12~0.28，Cr 0.24~1.03，Mo 0.17~0.42，V 0~0.06，P 0.009~0.021，S 0.003~0.014。

表 3.1　20 世纪 80~90 年代末国内外主要制造厂 G105、S135 钻杆化学成分表

产品	生产厂	质量分数/%									
		C	Si	Mn	P	S	Cr	Ni	Mo	其他	碳当量
钻杆接头	宝山钢铁股份有限公司（中国）（简称"宝钢"）	0.37	0.26	1.00	0.016	0.006	1.05	0.93	0.16	—	0.840
	日本钢管株式会社（日本）（简称"NKK"）	0.36	0.20	0.90	0.021	0.006	0.93	0.19	0.19	—	0.770
	格兰特（Grant）（美国）	0.41	0.21	0.89	0.019	0.007	0.96	0.20	0.20	—	0.803
	TAMSA（墨西哥）	0.38	0.28	1.03	0.017	0.013	1.02	—	0.20	—	0.795
	住友（日本）	0.39	0.17	0.91	0.026	0.011	0.99	0.22	0.21	—	0.795
	新日本制铁公司（日本）（简称"新日铁"）	0.38	0.20	1.02	0.020	0.007	0.96	0.24	0.19	—	0.796
S135 钻杆管体	宝钢（中国）	0.37	0.24	0.74	0.014	0.010	1.01	1.00	0.18	—	0.798
	住友（日本）	0.27	0.12	0.95	0.021	0.014	—	—	0.29	V: 0.05	0.516
	NKK（日本）	0.25	0.21	1.55	0.010	0.005	0.86	—	0.25	—	0.732
	Grant（美国）	0.26	0.24	1.46	0.009	0.009	0.24	—	0.39	V: 0.06	0.641

续表

产品	生产厂	质量分数/%								
		C	Si	Mn	P	S	Cr	Ni	Mo	其他	碳当量
	宝钢（中国）	0.34	0.25	0.74	0.010	0.007	1.11	—	0.19	—	0.723
G105	NKK（日本）	0.35	0.23	0.88	0.010	0.004	0.94	—	0.25	—	0.738
钻杆	新日铁（日本）	0.24	0.25	0.52	0.008	0.006	1.03	—	0.42	—	0.621
管体	Grant（美国）	0.28	0.25	1.42	0.009	0.004	0.28	—	0.20	V: 0.01	0.617
	TAMSA（墨西哥）	0.28	0.28	1.35	0.009	0.003	0.76	—	0.17	—	0.707

对比 20 世纪 60～80 年代钻杆管体材料体系发现，80 年代至 90 年代末的钻杆材料碳当量降低约 40%，基本不加 Ni，添加了微合金化元素 V，综合元素成本降低约 10%，P、S 等杂质元素上限质量分数降低约 50%。TMCP 工艺带来的组织细化效应，可保证在降低碳当量的前提下，满足材料的力学性能要求，使得材料具有良好强韧性匹配、耐腐蚀及耐疲劳等综合性能，且降低了材料的合金元素成本。

（5）2000 年至今，美国 API 标准体系不断完善，除考虑材料的强韧性外，对其耐蚀性、耐疲劳和可焊性等综合性能也越发重视，新增了 C110、L80 9Cr、L80 13Cr 等标准钢级材料。1924～2019 年的 API 管材标准钢级历史发展情况如附录 A 所示。API 管材标准钢级材料成分要求如表 3.2 所示[5]。

表 3.2　API 管材标准钢级材料成分要求

等级	类型	质量分数/%												
		C		Mn		Mo		Cr		Ni	Cu	P	S	Si
		最小值	最大值	最小值	最大值	最小值	最大值	最小值	最大值	最大值	最大值	最大值	最大值	最大值
H40	—	—	—	—	—	—	—	—	—	—	—	—	0.030	—
J55	—	—	—	—	—	—	—	—	—	—	—	—	0.030	—
K55	—	—	—	—	—	—	—	—	—	—	—	—	0.030	—
N80	1	—	—	—	—	—	—	—	—	—	—	0.030	0.030	—
N80	Q	—	—	—	—	—	—	—	—	—	—	0.030	0.030	—
R95	—	—	0.45[a]	—	1.90	—	—	—	—	—	—	0.030	0.030	0.45
L80	1	—	0.43[b]	—	1.90	—	—	—	—	0.25	0.35	0.030	0.030	0.45
L80	9Cr	—	0.15	0.30	0.60	0.90	1.10	8.00	10.0	0.50	0.25	0.020	0.030	1.00
L80	13Cr	0.15	0.22	0.25	1.00	—	—	12.00	14.0	0.50	0.25	0.020	0.030	1.00
C90	1	—	0.35	—	1.20	0.25[c]	0.85	—	1.50	0.99	—	0.020	0.030	—
T95	1	—	0.35	—	1.20	0.25[d]	0.85	0.40	1.50	0.99	—	0.020	0.030	—
C110	—	—	0.35	—	1.20	0.25	1.00	0.40	1.50	0.99	—	0.020	0.030	—
P110	—	—	—	—	—	—	—	—	—	—	—	0.030[e]	0.030[e]	—
Q125	1	—	0.35	—	1.35	—	0.85	—	1.50	0.99	—	0.020	0.010	—

注：a-如果产品油淬，R95 的 w_C（表示 C 的质量分数）最高可提高到 0.55%；b-如果产品油淬，L80 的 w_C 最高可提高到 0.50%；c-如果壁厚小于 17.78mm，C90 级 1 型 w_{Mo} 没有最小公差；d-如果壁厚小于 17.78mm，T95 级 1 型 w_{Mo} 最低可降低到 0.15%；e-对于 P110 钢级的电焊管，w_P 最大值为 0.020%，w_S 最大值为 0.010%。

3.1.2　国内发展与应用

1949 年以前，我国还不具备油井管生产制造能力。1953 年，鞍山钢铁集团公司（简称"鞍钢"）制造出了我国第一根油管用无缝钢管。20 世纪 50～80 年代，我国油井管生产技术落后，其钢级、数量和质量都无法满足石油工业的发展需求，油井管产品基本依靠进口。截至 1994 年，我国国内历史累计油井管总产量约为 120 万 t，历史累计进口量达 1150 万 t，自给率仅为 10%。90 年代以来，在中国石油天然气集团公司和冶金部的统一领导下，我国油井管国产化率显著提升，2005 年国产化率达 80%。特别是 2008 年，我国实际生产油井管产品约 660 万 t，除满足国内石油工业需求外，部分企业还实现了油井管产品的出国创汇。截至 2020 年，我国可生产所有钢级及材料的 API 油井管产品，初步实现了从 API 标准油井管产品生产大国向强国的转变[1]。我国油井管生产情况如图 3.2 所示。

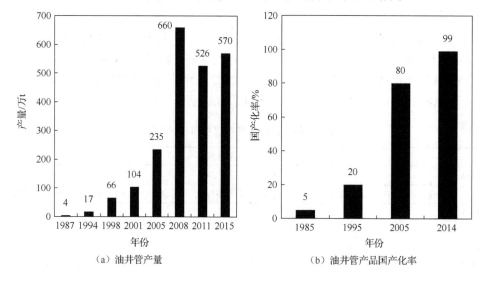

（a）油井管产量　　　　　　　　　　（b）油井管产品国产化率

图 3.2　我国油井管生产情况

油井管材料方面，20 世纪 80～90 年代中期，鞍钢、成都无缝钢管厂（今攀钢集团成都钢铁有限责任公司，简称"攀成钢"）和包头钢铁集团有限公司（以下简称"包钢"）等分别研制了 40Mn2Mo、40Mn2Si、40MnNbR、40CrMnMo、28CrMoTiB 等多种套管、钻杆材料，并研发了配套热处理工艺[2,6-9]。该阶段国内研究特点是基础研究少，钻杆材料研究居多，油套管材料研究报道少，多以 API 标准中低钢级产品为主，以仿制国外材料体系为主，利用国内开发的成熟钢号，通过轧制及热处理工艺优化等开发油井管材料。

钻杆材料方面，殷国茂[2]通过化学成分和工艺优化等研制了 30CrMo、38CrMo

等 95ksi 和 105ksi 钻杆，并进行了现场应用。宋宝湘[10]在宝钢引入的德国 140 连轧管机组及生产工艺基础上，采用 42MnMo7 管体材料及 36CrNiMo4 接头试制了 75ksi 钻杆。早期设计材料体系碳含量高，大规格管材调质过程易出现裂纹等缺陷。因此，生产厂多使用油淬等工艺以提高成材率，但生产效率低、耐疲劳及耐腐蚀等服役性能较低[11]。此外，该时期国内摩擦焊设备及工艺不成熟，研究多集中在接头与管体的摩擦焊设备改造与工艺优化上。

油套管材料方面，鞍钢、攀成钢和包钢先后使用 45 钢、50 钢、40Mn2Mo、40Mn2Si、40MnNbR 等生产 J55、N80 油套管，并试制了 25CrMoTi 等抗硫油管产品[12-17]。宝钢仿制德国钢号 37Mn5 开展了 J55、N80 油套管试制，采用 28CrMoTiB 等试制了 C90 抗硫油管材料[18-19]。攀成钢、宝钢等还在 40MnCrMoV 等材料基础上试制了 P110 级高强度套管材料[20]。天津钢管集团股份有限公司（简称"天钢"）对 32Mn 和从德国引进的 42MnCr52 等材料开展了热处理工艺研究，通过优化热处理获得了达到 J55 及 N80 钢级强度的材料和工艺，该厂试制的 110T 高抗挤及 C90、T95 等非 API 产品也获得了下井试用[21]。

20 世纪 90 年代末期至今，我国油井管材料研究受到了极大的关注，以宝钢、天钢、衡阳华菱钢管有限公司（简称"衡钢"）、攀钢集团有限公司（简称"攀钢"）、包钢、鞍钢等为代表的生产企业和以工程材料研究院、国内各石油大学等为代表的研究院所在油井管领域围绕材料的组织-性能等开展了大量研究工作，材料性能及质量控制水平均获得了极大的提升。

钻杆材料方面，徐海澄[22]、刘麒麟[23]通过控制 36CrNiMo4 材料的冶金质量，降低 P、S 含量，制备了横向冲击功 100J 以上的水淬 S135 钻杆材料。张备[24]研发了 37CrMnMo4H1 水淬钻杆接头用管体材料。曹建军[25]通过降低碳含量及微合金化设计了 26CrMoNbTiB 钻杆材料及热处理工艺，满足 S135 钢级钻杆材料性能要求。刘剑辉[26]通过优化 26CrMoNbTiB 钢的洁净度，控制夹杂物尺寸等方法，提出了控制铸坯结晶度的优化工艺。赵鹏[27]综述了宝钢钻杆的生产技术实践，通过控制冶金质量、合金体系将 Cr-Ni-Mo 系改为 Cr-Mo-V 系，热处理工艺由油淬优化为水淬，提升了 S135 钢级钻杆的强韧性。姜新越等[28]研究发现，随着回火温度的升高，采用 Nb-V 微合金化的 V150 钢级钻杆中第二相粒子的体积分数先升后降，第二相粒子由棒状趋于球化和材料基体的逐渐软化是钻杆钢强韧性提高的主要原因。渤海能克钻杆有限公司（简称"渤海能克"）、工程材料研究院、天钢等联合研发了 V150 高钢级大规格钻杆，突破了钻杆材料镦粗、摩擦焊和热处理等关键技术，产品在江河管道穿越项目获得了应用[29]。刘阁[30]研究了热处理对 V150 高强度钻杆材料力学性能及耐腐蚀性能的影响，结合不同热处理工艺下材料的硫化物应力腐蚀开裂试验及氢致开裂试验结果，提出了最佳热处理工艺。付炜冬[31]对 24CrMo42V 材料开展了不同工艺下的组织性能研究，试制了 S135 钢级钻杆材料。舒志强等[32]对 26CrMo 材料开展了不同回火条件下钢的力学性能和显微组织研究，结果表明该钢种在 540～690℃等不同温度回火后材料力学性能可满足用于 E75、X95、G105、S135 等各钢级的标准要求。

油套管材料方面，天钢采用 30Mn4 钢代替从德国引进的 42MnCr52 钢用于 N80 级套管钢生产，并先后优化开发了成分为 34Mn5、37Mn5、36Mn2V、37Mn2V、38Mn2V、26Mn6VNb、27MnCrV、26CrMo4 的 N80Q、N80-1、P110、Q125 等标准 API 钢级油套管材料，及成分为 26CrMo4V、30CrMnMo、CrMoNi、38MnCrMoV、25CrMo48V、28CrMoVTi、2Cr3Mo 等抗硫、高抗挤、低温等特殊用途油套管材料[33-38]。

宝钢采用 37Mn5、42MnMo7、25Mn2、27MnCr6、25Mn2、1Cr9Mo、20Cr13、25Mn2V、28MoV、29CrMoNbTi、29CrMo44、29CrMo44V 等材料生产了 J55、N80、L80-1、L80-3Cr、L80-13Cr、P110、C110、Q125 等标准 API 钢级油套管材料，采用 29CrMoNbTi、29CrMoVNb、20Cr3MoCuTi、00Cr13Ni5Mo2、18CrMoVW、27CrMo47V 等材料开发了抗硫、抗二氧化碳、高抗挤油套管材料[39-42]。

衡钢采用 40Mn2V、25MnV、42MnMo7、36Mn2V、25CrMnMo、35Mn2VNb、25CrMnMoN 等材料生产了 J55、N80 和 P110 油套管材料[43-45]。包钢先后采用 30MnCr22、34Mn2VN、34Mn6、30CrMnMo、27CrMo、25CrMoBVRE 等材料生产了 N80、P110 等钢级管材[46-48]。鞍钢、攀成钢针对经济型油井管材料需求，设计开发了成分为 37Mn5、35Mn2V、36Mn2VNbN、26CrMoVTiB、30Mn2VTiN、40Mn2VNbTi、27CrMoV、35MnVTi 的 N80、P110 级油套管材料[49-51]。

材料性能与成分设计方面，油井管材料当前性能两极化发展十分突出。一方面，为了满足超深、高温、高腐蚀等复杂工况需求，向着合金化方向发展；另一方面，为了满足油气高效开发需求，向着低成本经济型方向发展。总体看，满足强度性能前提下，尽量提高塑韧性是强韧性匹配设计原则，尽量降低碳含量和微合金化是合金设计的发展趋势。

铸锭纯净化方面，各生产企业越来越重视锭坯的纯净化研究。从锭坯凝固态组织与偏析等方面分析入手，通过数值模拟等手段分析各环节对于铸锭组织质量的影响；通过纯净钢、钙处理等技术严格控制夹杂物和 P、S 的含量。

控轧控冷工艺方面，研究趋向于通过热模拟等手段更加精细地控制钢的组织与性能。大变形量、控制终轧温度、控制终冷温度和冷却速度等个性化设计可以在保证良好性能的同时提高生产效率。

热处理工艺方面，随着低合金钢组织控制理论的不断丰富，研究趋向于精细化。对于调质钢，分级回火、亚温淬火和二次淬火等工艺研究日趋增多；对于非调质钢，除在线正火处理外，通过回火调整性能等研究也有报道。

质量控制方面，通过对管材工序控制指数研究，关键工序识别等技术，显著提升了油气井管材的生产质量。

3.2　非 API 管材

随着全球油气工业的发展，浅层油气日趋枯竭，油气勘探领域由陆地向深水，目的层由中浅层向深层和超深层，资源类型由常规向非常规快速延伸。水深大于 3000m 的海洋超深水、埋深超过 6000m 的陆地超深层、储集层孔喉直径小于 1000nm 的超致密油气，成为石油工业发展具有战略性的新领域。上述新领域油气资源开发过程中，出现大量苛刻的工况，如深井、超深井、水平井、大位移井、高温高压井、注气/注水井、火驱井等。这些工况对油气井管材的承载能力如连接强度、抗挤、抗内压、抗变形、抗冲击、耐温性、耐磨损、密封性等提出了比 API 标准管材更高的要求，需要使用非 API 管材。

3.2.1　非 API 管材的研制与规模化应用

受复杂油气井勘探开发工程中地质条件的多样性、不确定性及探索性等因素影响，非 API 管材在研制与使用过程中需要针对性开发相应的设计、选用、检测评价及使用等配套技术，以达到性能适用、成本最低、效率最高的产品规模化应用要求。

非 API 管材研制与规模化应用，一般有两种实现方法，一是基于管材承载能力极限的工况选择方法，二是基于工况的管材评价选用方法，如图 3.3 所示。

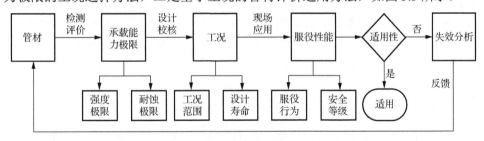

（a）基于管材承载能力极限的工况选择方法

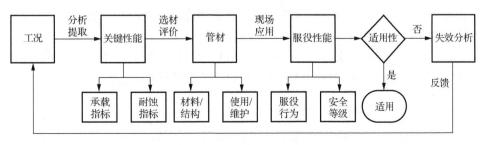

（b）基于工况的管材评价选用方法

图 3.3　非 API 管材研制与规模化应用主要方法和技术路线图

　　基于管材承载能力极限的工况选择方法是指对已有管材承载能力极限的全面模拟评估，获取管材的强度极限、耐蚀极限等性能参数，依据此类性能参数评估选定可适用的工况范围并开展现场试验评估，最终确定其是否具有规模化推广的应用价值，如图 3.3（a）所示。该方法的核心是在获取管材承载能力极限的基础上选择适用的工况范围，一般从制造厂的角度出发研制和推广应用管材。

　　基于工况的管材评价选用方法在对管柱服役工况的特征，如载荷条件和环境介质变化规律等关键特征指标的提取和归纳总结基础上，利用已有管材性能数据库选材或定制化开发，获得能够满足极限工况管柱承载能力及环境损伤能力的管材产品，如图 3.3（b）所示。该方法的核心是在获取工况特征数据的基础上，确定管材关键的性能指标要求，一般从复杂工况油气井钻采工况角度需求出发开展管材研制。

　　对于具体规格、钢级等材料特性的管材研发而言，由于其性能及质量要求相对苛刻，相关材料生产制备工艺属于各生产厂核心技术保密范围，且多数已经申请了专利保护，一般难以直接获取。从材料设计思路上分析，非 API 管材研发可考虑两种路线：一是在原有 API 钢级材料基础上，通过更加严格的冶金质量控制、更低的碳当量设计、更加细致的控轧控冷工艺、精细的微观组织调控、更加苛刻的热处理工艺和检测工艺等，获得的材料具有较好的工况适用性，如针对含微量硫油气井开发的抗硫钻杆和油套管、针对深井盐膏层地层开发的高抗挤套管和针对热采井开发的耐热损伤套管材料等。二是通过引入钢铁材料行业发展中的新材料、新工艺体系，获得更加特殊的使用性能，如针对高含二氧化碳气井开发的高强度马氏体不锈钢油套管、针对油气井修复开发的高锰钢膨胀管材料和针对连续油管开发的低合金耐疲劳材料等。

3.2.2　非 API 管材的分类

　　非 API 管材主要包括两种类型：非 API 钢级和非 API 结构。非 API 钢级主要与材质有关，这类管材的力学性能或物理、化学性能，如强度、韧性、耐蚀性等比 API 标准管材要求更高。非 API 结构主要是指螺纹结构、尺寸规格等与 API 标准显著不同的管材。

　　针对当前油气钻采工况特点，非 API 管材对应产品类型主要有深井或超深井用高强韧匹配管材、高抗挤管材、低温管材、热采井管材、耐蚀管材等。

　　1. 深井/超深井用高强韧匹配管材

　　深层超深层油气领域是非 API 管材应用的重点领域，本节以此领域应用的高强韧匹配管材为例，对其基本概念、服役特点、基于断裂力学的强韧性匹配设计理论及其材料发展进行简述。

1）深层油气的定义

关于深层的定义，不同国家、不同机构的认识差异较大。目前，国际上相对认可的深层标准是其埋深大于等于4500m[52]；2005年，自然资源部发布的《石油天然气储量计算规范》（DZ/T 0217—2005）将埋深为3500～4500m的地层定义为深层，埋深大于4500m的地层定义为超深层；钻井工程中将埋深为4500～6000m的地层作为深层，埋深大于6000m的地层作为超深层。目前，在油气勘探实践中，难以严格将深层与超深层区分，因此将深层和超深层统称为深层。东部盆地深层油气资源指储层埋深大于3500m的油气资源，而西部盆地深层油气资源指储层埋深大于4500m的油气资源。

尽管对深层深度界限的认识还不一致，但其重要性日益显现。目前，已有70多个国家在深度超过4000m的地层中进行了油气钻探，80多个盆地和油区在4000m以深的层系中发现了2300多个油气藏，共发现30多个深层大油气田。其中，在21个盆地中发现了75个埋深大于6000m的工业油气藏。美国墨西哥湾Kaskida油气田是全球已发现最深的海上砂岩油气田，目的层埋深7356m，如从海平面算起，则深达9146m，可采储量（油当量）近$1 \times 10^8 t$[53]。

我国陆上油气勘探不断向深层—超深层拓展，进入21世纪，深层勘探获得一系列重大突破：在塔里木发现轮南—塔河、塔中等海相碳酸盐岩大油气区及大北、克深等陆相碎屑岩大气田；在四川发现普光、龙岗、高石梯等碳酸盐岩大气田；在鄂尔多斯、渤海湾与松辽盆地的碳酸盐岩、火山岩、碎屑岩领域也获得重大发现。东部地区在4500m以深、西部地区在6000m以深获得重大勘探突破，油气勘探深度整体下延1500～2000m，深层已成为我国陆上油气勘探重要接替领域。

2）深井超深井用油气井管柱的服役特点及管柱设计问题

深井超深井用高强韧性管材主要指用于深层油气开发的油气井管材。对于深井超深井油气勘探开发用油气井管柱而言，最重要的特点是管柱负载高、服役环境苛刻、可靠性要求高。

（1）管柱负载高主要表现为管柱悬重大、载荷复杂多变。管柱总质量大。例如，我国西北油气田顺北11井365.1mm套管柱净质量达670t，随井深增加管柱质量增大，管柱承受的各种载荷水平显著上升。载荷复杂多变，在实际服役过程中，受井眼轨迹、下穿岩层性质、地层压力系统、现场作业等多因素影响，同一管柱不同深度载荷性质、作用规律不同，同一深度的管材在不同条件下载荷性质也差异巨大。例如，受地层作用套管需要承受外压，在压裂过程中同位置套管又要承受内压载荷，下钻过程中管柱以承受压缩载荷为主，起钻过程中以拉伸载荷为主。随井深增加，载荷复杂多变性越显著。

（2）管柱服役环境苛刻主要表现为管柱对抗环境（力学和腐蚀）损伤能力要求高。我国塔里木油田、西南油气田等已开发的部分深井超深井中，地层温度可达 220℃以上、压力大于 180MPa、富含 H_2S 及 CO_2、流体相态多变等。一般深井超深井中管柱设计寿命为 15～20 年，这就要求管材在高温高压环境下需要具备良好的耐环境损伤力学性能及耐腐蚀性能。

（3）可靠性要求高。油气井管柱系统主要由单根油井管材通过螺纹连接构成，具有密闭、承压等特性，整个系统对于可靠性要求极高，单根管材本体的断裂、螺纹连接部位密封泄漏、本体腐蚀刺穿等都将严重影响整个系统的正常服役，造成管柱系统失效。随井深增加，管柱系统中管材单元数量显著上升，为了保障整个管柱系统的可靠性水平，单根油气井管材的材料与结构性能可靠性要求也需要对应提高。

为了满足超深井管柱的使用需求，若仍然使用 API 钢级管材，管柱设计及工艺实践中存在的主要问题为：①管柱自身强度余量储备不足，安全风险高。由于钢级低，管柱自身强度余量储备不足，若遇到井下复杂条件时，管柱断裂等安全风险极高。②成本高、钻采效率低。若采用 API 钢级加大壁厚管材设计，则管柱系统成本升高、环空间隙降低，影响工具通过性及管柱系统排量等水力性能，降低钻采效率。③悬重高、高功率钻机动用困难，配套作业成本高。若采用 API 钢级和大壁厚管材设计，管柱悬重超出一般钻机极限，套管等大规格管材下入困难，需匹配大功率钻机，使得井下复杂时大功率负载极大且钻机动用困难，大幅度提高了钻机能耗、装备费用与现场作业成本。此外，API 标准管材还存在接头密封连接效率低、接头连接处易密封泄漏及断脆等问题。

3）超深井管柱需要研究的几个重要问题

超深井中油气井管材的主要失效形式有断裂、挤毁、腐蚀、滑脱、泄漏等，其中断裂是管材最危险的失效形式，而脆断、应力腐蚀断裂、疲劳断裂、腐蚀疲劳断裂等低应力断裂问题在超深井实际钻采作业中占了极大的比例。低应力脆断没有明显的宏观先兆表现，失效防控难度极大，极易造成重大的安全事故和经济损失，如人员伤亡、环境污染、设备损毁等。特别是在超深井服役条件下，管材断裂造成的损失更为严重。

从提高超深井管柱承载能力、降低管柱质量和成本、保障管柱的服役可靠性、提升管柱服役寿命和安全性等方面出发，需要研究的几个重要问题如下：①管材服役过程力学与环境条件的量化描述；②管材断裂失效过程分析及断裂模型的建立与描述；③材料的成分-组织-工艺-性能关系；④管材服役行为表征、服役性能与服役安全评价。

4）基于断裂力学的高强韧管材设计理论基础

传统力学或经典强度理论将材料看成均匀的没有缺陷、裂纹的理想固体，但实际生产的管材均存在一定数量的内部缺陷和裂纹[54]。

材料的破坏力学发展经历了三个阶段[55]。从伽利略到第二次世界大战前的无缺陷经验理论为第一阶段。其主要特征：①以材料的变形量、塑性屈服等宏观破坏先兆现象作为防范目标，并提出了以经典强度理论为中心的破坏准则体系；②力学模型不引入任何缺陷尺度；③采用胡克定律等简单连续介质描述材料的本构关系；④内部缺陷和破坏抗力采用强度、韧性等材料指标经验反映。

第二阶段为第二次世界大战后至 20 世纪 80 年代初，其主要特征：①以断裂等失效现象作为防范目标，并提出了以断裂韧性理论为中心的破坏准则体系；②引入宏观缺陷，但不考虑细观-微观缺陷；③对材料的本构行为采用较复杂的连续介质描述，但材料构元仍不具有细观-微观结构；④材料的破坏抗力唯象地反映在带裂纹标准的断裂指标上。

第三阶段是 20 世纪 80 年代至今，主要特征：①系统地描述材料从变形、损伤至断裂的全过程；②引入从原子量级的微观、十纳米至毫米量级的细观和毫米量级以上的宏观等多层次的缺陷几何结构；③对材料的本构行为采用宏观-细观-微观相结合的描述；④材料的破坏抗力体现为可预测的力学指标。

对于低应力脆断问题，传统力学无法给予充分的理论解释。断裂力学通过提出材料的固有性能断裂韧性，用它来比较各种材料的抗断能力。用断裂力学建立起的断裂判据，用于工程设计，可获得在给定裂纹尺寸和形状时，究竟允许多大的工作应力才不致发生脆断；反之，当工作应力确定后，可根据断裂判据确定材料内部在不发生脆断的前提下所允许的最大裂纹尺寸。

断裂力学中根据裂纹体的受载和变形情况，将裂纹分为三种类型：张开型（Ⅰ）、滑开型（Ⅱ）和撕开型（Ⅲ）。其中张开型是最危险的一种裂纹形式，容易引起脆断。应力场强度因子 K_I 是描述 I 型裂纹尖端应力场强弱程度的力学参量，随外加应力、裂纹尺寸和裂纹类型参量的增加而不断增大。例如，对无限大平板中心含有尺寸为 $2a$ 的穿透型裂纹时，K_I 表达式为

$$K_{\mathrm{I}} = Y\sigma(a)^{1/2} \tag{3.1}$$

式中，Y 为裂纹形状参量；σ 为工作应力（N）；a 为裂纹半长（mm）。

当 K_I 增加至材料平面应变断裂韧性 K_{IC} 时，裂纹开始失稳扩展，构件发生脆断。因此，应力场强度因子 K_{IC} 是推动 I 型裂纹扩展的动力。K_{IC} 表征材料抵抗断裂的能力，材料的 K_{IC} 越高，表明材料裂纹体的断裂应力或临界裂纹尺寸越大。断裂判据将材料的断裂韧性与宏观构件的断裂应力及裂纹尺寸定量联系起来，对复杂工况条件下管材的力学性能指标设计、校核、安全性评价具有重要的工程实际作用。

对于钻具等复杂交变载荷工况下服役的超高强度管材而言，疲劳断裂较为多发。疲劳断裂的特点是断裂应力低（低于静载下的屈服强度）、失效前无征兆、破坏性极大。即使所选材料为在静载荷下塑性变形程度很大的塑性材料，在疲劳负载下也显示出类似脆断的宏观特征。疲劳断裂具有清晰裂纹萌生、扩展和断裂三

个阶段特征。宏观断口一般可分辨出疲劳裂纹的缓慢扩展过程。

1963 年，Paris 将断裂力学引入疲劳裂纹的扩展模型建立中，并认为裂纹扩展速率受控于裂纹尖端的应力场强度因子幅 ΔK，其中 $\Delta K = K_{max} - K_{min}$，拟合获得的 da/dN-ΔK 的 Paris 方程为

$$da/dN = c(\Delta K)^m \qquad (3.2)$$

式中，da/dN 为疲劳裂纹扩展速率，N 为循环周次；c 与 m 为材料常数。

更仔细地研究发现，da/dN 和 ΔK 的关系曲线可分为三个阶段（图 3.4）。

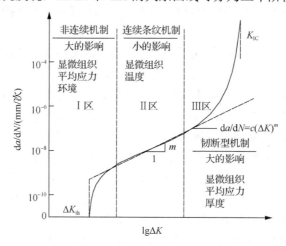

图 3.4　疲劳裂纹扩展速率 $\lg(da/dN)$-$\lg\Delta K$ 关系曲线

Paris 方程表示的是裂纹扩展第一阶段，Forman 考虑了应力比 R、断裂韧性 K_{IC} 及疲劳裂纹扩展应力场强度因子幅门槛值 ΔK_{th}，获得裂纹第二、三阶段的 Forman 公式如下：

$$da/dN = \frac{c[(\Delta K)^m - (\Delta K_{th})^m]}{(1-R)K_{IC} - \Delta K} \qquad (3.3)$$

基于 Forman 公式，对于疲劳裂纹扩展的第二、三阶段，疲劳裂纹扩展速率与应力比 R、断裂韧性 K_{IC}、疲劳裂纹尖端的应力强度场因子幅 ΔK、ΔK_{th} 等密切相关。c、m 为材料常数。即疲劳裂纹扩展速率随应力比 R 减小、K_{IC} 增加、ΔK 减小、ΔK_{th} 增大而逐渐减小。

对于高/超高强度管材，应力腐蚀断裂问题也较为多见，从材料评价角度，可用应力腐蚀临界应力强度因子 K_{Iscc} 等进行量化计算。对于预制裂纹试样，在一定的环境介质和恒定载荷条件下，由于裂纹扩展引起应力场强度因子 K_I 随时间变化而变化，据此可测得材料的抗应力腐蚀特性。

除用 K_{Iscc} 来表征材料的应力腐蚀抗力外，也可测量应力腐蚀裂纹扩展速率 da/dt。在 $\lg(da/dt)$ 和 K_I 的关系中，部分材料表现出三个阶段，第一阶段，$\lg(da/dt)$

依赖于应力强度因子，同时也取决于温度、压力和环境介质。第二阶段，da/dt 基本上与应力强度因子无关，只取决于材料-环境介质的电化学性质，但仍然受温度、压力的影响。到第三阶段，da/dt 又随 K_I 值的增加而增大，且当 K_I 达到 K_{IC} 时裂纹便失稳扩展直至材料断裂。图 3.5 为 $\lg(da/dt)$-K_I 关系曲线。

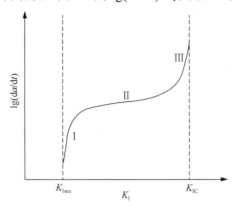

图 3.5　应力腐蚀裂纹扩展速率 $\lg(da/dt)$-K_I 关系曲线

　　可以看出，对于高/超高强度油气井管材而言，在工程实践中无论是外载脆断失效、疲劳、腐蚀疲劳失效，还是应力腐蚀失效，随着管材强度的提高，裂纹尖端工作应力必然提高，裂尖应力场强度因子 K_I 增大。对于同种材料而言，其断裂韧性一般随屈服强度的提升而降低，如图 3.6 所示。也就是说，对于同种材料而言，通过热处理等手段获得较高屈服强度的同时断裂韧性降低，在使用过程中，随外载的增加，其断裂倾向将显著提高。

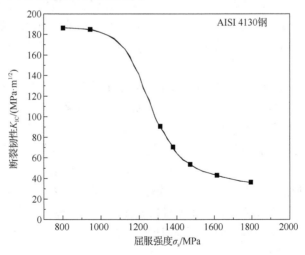

图 3.6　断裂韧性 K_{IC} 和屈服强度 σ_s 的关系

基于上述理论分析，为保障高/超高强度油气井管材的使用安全，实现管柱轻量化、长寿命、低成本及安全服役，在材料设计时，需开发具有更高强度与韧性匹配的新一代材料，如图 3.7 所示。

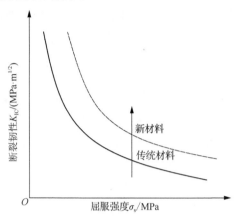

图 3.7　新一代高性能油气井管材的材料强韧化目标

5）油气井管材用超高强韧材料的主要发展方向

对于大量使用的低合金钢而言，除通过组织细化及纯净化提高现有材料强韧性外，从材料组织-性能角度，新一代超细晶粒钢、低碳贝氏体钢、低碳（回火）马氏体钢等是油气井管材用超高强韧材料的主要发展方向。

（1）超细晶粒钢。在不增加合金元素成分条件下，晶粒细化是钢铁材料同时提高强度和韧性最有效的强化机制。超细晶粒钢是指通过各种细化手段，将基体组织细化至 $10\mu m$ 以下的新一代钢铁材料。超晶粒细化技术主要有冶金处理细化、形变诱导铁素体相变细化、热处理细化、磁场或电场处理细化和新型机械控制轧制 TMCP 技术细化等[56,57]，如图 3.8 为多晶体材料的断裂强度（σ_f）随晶粒尺寸（d）的变化规律。

（2）低碳贝氏体钢。与传统的铁素体+珠光体低合金钢与回火马氏体调质钢相比，现代低碳贝氏体钢是一类高强度、高韧性、多用途的新型钢种。它的出现是近年来社会需求和现代冶金技术发展的必然结果。此类钢中碳含量极低，消除了碳对贝氏体组织韧性的不利影响，在控轧控冷后可获得极细的贝氏体基体组织。控轧控冷工艺的引入，使得此类材料强度不再单纯依靠钢中的碳含量，而通过相变强化、组织细化（细晶强化）、析出强化、沉淀强化等方式得到保证，钢的强韧性匹配极佳、碳含量的降低也保证了材料焊接、提升了疲劳及耐蚀等性能。图 3.9 为裂纹在仿晶界型铁素体/粒状贝氏体钢中扩展路径及钝化机理[58]。图 3.10 为无碳化物贝氏体中形成超精细结构。

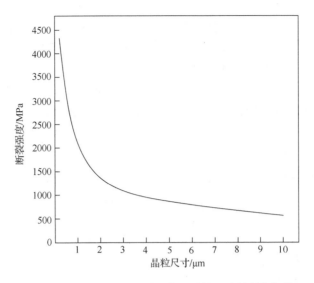

图 3.8 多晶体材料的断裂强度随晶粒尺寸的变化规律

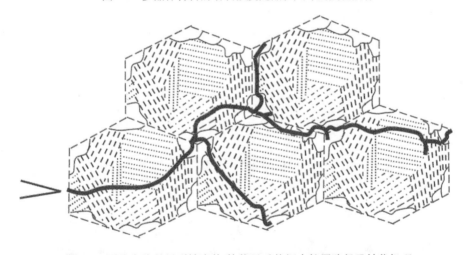

图 3.9 裂纹在仿晶界型铁素体/粒状贝氏体钢中扩展路径及钝化机理

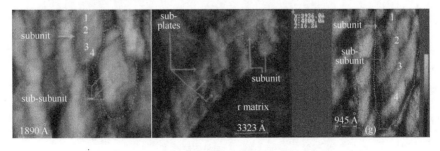

图 3.10 无碳化物贝氏体中形成超精细结构

subunit: 亚单元；sub-subunit: 超亚单元；sub-plates: 亚片条；matrix: 基体；r: 奥氏体

（3）低碳（回火）马氏体钢。在传统的马氏体调质钢基础上，通过降低碳含量、引入 TMCP 工艺等组织细化、析出强化、沉淀强化，纯净化、均匀化、热处理调控等方法，是当前高/超强韧油气井管材材料研发的热点，相关 155ksi、165ksi 等管材已有现场应用报道。图 3.11 为新近研发不同钢级钻杆材料的强度，图 3.12 为对应图 3.11 中不同钢级钻杆的低温冲击功。图 3.13 为热处理工艺改进前后 S135 钻杆材料的微观组织。在今后相当长一段时期内，结合钢的纯净化技术、回火铁素体基体中碳化物的组织细化与精细化调控等，低碳（回火）马氏体钢仍然具有较大的性能空间可以深入挖掘。

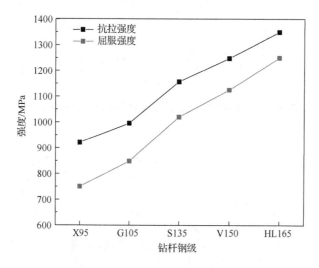

图 3.11　不同钢级钻杆的强度

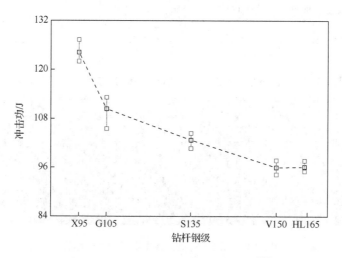

图 3.12　不同钢级钻杆的低温冲击功[59]

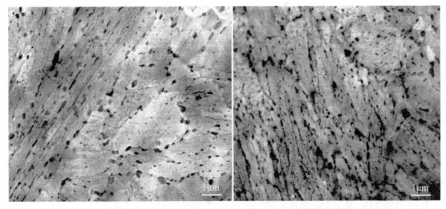

| （a）普通调质处理后组织 | （b）特殊调质处理后组织 |

图 3.13　热处理工艺改进前后 S135 钻杆材料的微观组织[60]

2. 高抗挤、稠油热采、高膨胀率非 API 管材

1）高抗挤管材

高抗挤管材主要针对套管，是指通过提高轧制精度以降低管材椭圆度和壁厚偏差范围、控制本体材料屈服强度范围、降低残余应力、控制外径和厚度比等方法，形成相对 API 标准管材具有更高抗挤性能的管材。现场实践证明，高抗挤管材比同规格同钢级的 API 套管的抗挤毁强度高出 20%～60%，有些规格抗挤毁强度甚至较 API 更高一钢级套管和更厚一级壁厚套管的抗挤毁强度还高。

2000 年初，我国塔里木油田联合工程材料研究院针对超深探井多套油气层、压力系数差异大、储层埋藏深等问题，提出如果沿用普通抗挤强度的套管，将多耗用大量钢材，同时下入深度受到限制，并将被迫进口国外钻头。通过技术经济分析和论证，采用同一钢级的高抗挤套管，以新材料、新技术优化深井、超深井套管组合，满足了塔里木深井、超深井油气田勘探开发的需要，经 97 口井推广使用，共节约套管超过 1600t，取得了显著的技术经济效果。

天钢针对复杂地质条件油水井的复合套管柱优化设计需求，开发了 130TT 型高抗挤套管，显著提高了油水井工作寿命，降低了油田综合开发成本，为盐岩层、泥岩层、盐膏层等复杂地质条件下的油水井套管柱易早期毁损问题提供了解决方案。随后又开发出 140TT 型高抗挤产品[61]。

宝钢与中原油田以"降低壁厚，增加高抗挤套管性价比"为突破口，开展合作研发，成功开发出 BG（140、150、160）TT 系列薄壁高抗挤套管代替厚壁 130 钢级抗挤套管。使用结果表明，新开发的薄壁高抗挤套管外径规格减小（接近常规套管），不仅可与上下管串直接连接，使下套管施工更安全，而且提高了套管环空间隙，相应地加大了水泥环厚度，从而有利于固井质量的提高。相较于原先使用的厚壁抗挤套管，大幅度降低了油田的钻探成本[62]。

2）基于应变设计的稠油热采井用套管材料

蒸汽吞吐稠油热采井单次热循环包括注气、闷井和采油 3 个阶段[63]。在注气过程中，井筒受热膨胀，套管的热膨胀系数远高于水泥环及地层，在胶结水泥环与地层的约束下，套管实际承受温度场变化带来的压缩载荷。当温度超过 180℃时，套管管体材料将发生屈服，随后伴随着均匀变形产生形变强化或软化。当变形超出材料的均匀变形能力时，将产生失稳或屈曲。闷井属于持续性的高温阶段，可以和注气一同看作升温过程。在采油阶段，井筒温度持续下降，由于热膨胀系数的差异，套管管体将承受拉伸载荷，同样伴随着材料的短暂弹性变形、持久性的塑性变形。采油阶段与注气、闷井阶段不同的是，在拉伸状态下，材料超出其均匀变形范围时，将产生明显的缩颈，进而断裂。

不同于基于应力的设计方法，基于应变的套管柱设计允许套管屈服并发生塑性变形，限定外加载荷引起的塑性变形控制在套管材料的均匀塑性变形范围内，其设计准则为设计应变小于等于许用应变。

如图 3.14 所示，基于应变的套管柱设计方法采用应变参量作为主控参数，充分发挥套管材料的均匀变形能力。将基于应力的设计与基于应变的设计进行比较，可以发现前者只利用了材料屈服点之前的性能，而后者对材料性能的利用扩展到抗拉强度阶段，充分发挥了材料的均匀塑性变形能力。许用应变取决于套管材料的均匀塑性变形能力，可用均匀塑性变形的延伸率除以安全系数来描述。在套管服役过程中，只要控制服役过程中产生的应变不大于许用应变，就可以防止套管材料发生局部颈缩变形、断裂。

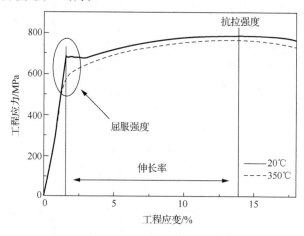

图 3.14　基于应变的套管柱材料设计方法原理示意图

基于应变的设计方法要求在热循环的过程中，载荷产生的塑性形变控制在一定的安全范围内，不超过规定的塑性应变量。对于多次热循环过程，每次都会发生塑性形变，形成低周疲劳，塑性应变的损伤不断积累，最终发生疲劳破坏。在基于应变设计条件下，套管材料承受的塑性应变越大，其循环寿命就越短。服役中的套管主要承受以下几种应变：

（1）热应变。热应变发生在注气、闷井和采油的整个热采循环中，是套管应变疲劳和变形失效的主要参数。

（2）蠕变应变。蠕变应变发生在闷井和采油阶段，由套管材料长时间在高温下的服役环境所致。

（3）弯曲应变。弯曲应变是热采井轨迹的狗腿度造成。在钻井结束后，弯曲应变不再发生改变，属于永久性应变。

（4）地层应变。在稠油开采过程中，储层的石油和砂砾排出地面后，引发上层覆岩的压实作用，从而使套管承受一定应力，产生地层应变。

这 4 种应变相加之和构成应变设计的基础参数。

在套管材料均匀延伸率确定的条件下，材料承受塑性形变的极限是确定的。在套管服役过程中，塑性应变的积累应以不引起失稳为服役安全条件。因此，热采井套管柱基于应变设计的准则为设计应变≤许用应变。许用应变反映材料的变形能力，以均匀延伸率表征，以界定套管材料的拉/压循环变形容量。

例如，对于注采阶段套管管体：

$$\varepsilon_d = \left(\varepsilon_t + \varepsilon_c + \varepsilon_b + \varepsilon_s\right) \leqslant \varepsilon_a = [\delta / F] \tag{3.4}$$

式中，ε_d 为设计应变（%）；ε_t 为热应变（%）；ε_c 为蠕变应变（%）；ε_b 为弯曲应变（%）；ε_s 为地层应变（%）；ε_a 为许用应变（%）；δ 为均匀延伸率（%）；F 为安全系数。

在热循环条件下，设计应变呈现低周疲劳的特性。套管材料在循环拉压应变作用下，疲劳寿命存在极限。以往的低周疲劳寿命研究表明[64]，疲劳寿命和应变大小呈现一定的相关性，应变越大，寿命越低。因此，热循环的轮次必须小于疲劳寿命。当套管设计使用年限确定时，设计应变则必须满足应变疲劳极限 ε_{max}，即：

$$\varepsilon_d \leqslant \varepsilon_{max} \tag{3.5}$$

当同时满足式（3.4）和式（3.5）时，则套管材料满足应变设计的准则。

基于上述理论，中国石油天然气集团有限公司陈阳等[65]研究了热采井用 80SH 套管材料。80SH 套管材料以传统的 N80 套管材料为基础，通过提高合金元素 Cr、Mo、Ni 和微量元素 V、Ti 的含量，结合调质热处理工艺，开发了 80ksi 等钢级的热采井套管并完成了现场下井试验，实现了多轮次注采零套损。上述工作满足了稠油热采作业工况，保障了套管柱安全服役。80SH 和 N80 钢级热采井套管管体材料成分如表 3.3 所示，80ksi 热采井套管现场如图 3.15 所示。

表 3.3　80SH 和 N80 钢级热采井套管管体材料成分表

钢级	质量分数/%									
	C	Si	Mn	P	S	Cr	Mo	Ni	V	Ti
N80	0.26	0.24	1.27	0.015	0.0076	0.04	0.01	0.003	0.006	0.003
80SH	0.17	0.24	0.98	0.011	0.0034	0.99	0.33	0.059	0.029	0.013

图 3.15　80ksi 热采井套管现场

3）修井及特殊用途用可膨胀管材

可膨胀管材主要是指膨胀套管。膨胀管技术的基本原理就是将膨胀管下到井下预定的位置，经过冷变形方式使管材的直径扩大到所需的尺寸（即膨胀管膨胀）。膨胀管冷变形是预置在膨胀管内的膨胀锥在液压力或机械力的驱动下使管材发生径向塑性变形的过程[66]，膨胀管作业系如图 3.16 所示。

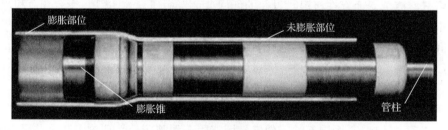

图 3.16　膨胀管作业系

20 世纪 90 年代膨胀套管技术的提出，成为石油天然气钻采领域一次新的革命。2000 年，我国开始引进该技术，开展了大量研究工作。

实体膨胀管用钢的性能要求[67]：①足够的塑性变形能力，较大的均匀塑性变形伸长率；②较低的屈强比，无屈服平台；③较高的加工硬化指数 n；④膨胀后的力学性能、尺寸精度等满足相关标准。

针对上述要求，除传统碳钢外，当前研究较多且较为经济成熟的材料主要有双相钢、低合金多相相变诱发塑性（transformation induced plasticity，TRIP）钢、高锰奥氏体 TRIP 和孪生诱发塑性（twinning induced plasticity，TWIP）钢等。

双相钢是将低碳钢或低合金钢经 $\gamma + \alpha$ 双相区处理或控制轧制获得，其微观组织主要是由铁素体和马氏体组成，因此称为"双相钢"。双相钢具有较低的屈强比、良好的均匀延伸率和较高的加工硬化率，其铁素体基本保证了材料具有良好的塑性，马氏体小岛可有效提高材料强度。

TRIP 钢利用相变诱发塑性来提高其延伸率，其组织主要由铁素体、贝氏体和残余奥氏体构成，在塑性变形过程中残余奥氏体将转变为马氏体，提高材料加工硬化能力。

高锰奥氏体 TRIP 钢和 TWIP 钢主要通过在钢中通过添加大量锰元素获得热力学上稳定的奥氏体组织，在塑性变形过程中奥氏体将转变为马氏体或者形成孪晶马氏体阻碍位错滑移，大幅度提高材料加工硬化能力。

3.3 低碳 Mn 系含 Nb 贝氏体钢

对于合金质量分数小于 5%的低合金钢制管材而言，提高其强韧性的主要手段除细化和超细化晶粒外，组织设计与控制也是钢铁材料高性能化的重要途径。当前利用组织设计与控制实现良好强韧性匹配的低合金钢主要有低碳马氏体钢、低碳贝氏体复相钢、下贝氏体/马氏体复相钢、淬火和碳分配（quenching and partitioning，Q&P）处理钢、低碳 TRIP 钢等。

近年来，除低碳马氏钢外，贝氏体钢特别是低碳贝氏体复相钢因其良好的强韧性匹配，具有可采用非调质处理、制造成本低廉等特点，是新一代油气井管材材料研究的热点。本节结合作者早期科研实践，较为详细地介绍 Mn 系贝氏体钢的发展及一种低碳 Mn 系含 Nb 贝氏体钢的相变和强韧性，为我国油气井管材用新一代高强韧钢铁材料研究提供借鉴。

3.3.1 组织类型

1. 贝氏体钢的基本组织类型

贝氏体钢具有良好的强韧性匹配，是钢铁材料的研究重点之一[58]。根据贝氏体组织的形成温度，早期的研究一般将贝氏体分为上贝氏体和下贝氏体。各国学者根据不同合金钢中贝氏体组织的形态特征及组织特点将贝氏体分为粒状贝氏体、无碳化物贝氏体、柱状贝氏体、超低碳贝氏体（针状铁素体）、板条贝氏体和反常贝氏体等[68]。Bramfitt 等[69]提出了另一种贝氏体分类系统，这种分类系统中的贝氏体有三种主要类型，都以针状铁素体为基础。不同类型的贝氏体特点由贝氏体中第二相的铁素体决定。马氏体可以在铁素体晶粒中间由残余奥氏体转变得到。这种现象在连续冷却的低碳钢中经常能观察到，其中未完全转变的奥氏体一般看作是马氏体-奥氏体（martensite-austenite，M-A）岛。Bramfitt 和 Speer 的贝氏体分类系统全面地定义了针状贝氏体铁素体，但这个系统并不能描述所有的低碳钢在连续冷却过程中观察到的组织。

日本钢铁研究院（the Iron and Steel Institute of Japan，ISIJ）贝氏体委员会根据低碳贝氏体钢中不同连续冷却过程中的相变产物分为多边形铁素体（晶内铁素体与块状铁素体）、准多边形铁素体、魏氏体铁素体、粒状贝氏体、贝氏体铁素体、残余奥氏体、M-A 岛、板条马氏体、θ 碳化物及珠光体[70]。

在该分类系统中贝氏体铁素体又称板条贝氏体或无碳贝氏体，这种组织转变温度在中温转变区，虽然奥氏体只分解为铁素体，但同时伴随有残余奥氏体岛或 M-A 岛，组织由平行的板条束和板条间奥氏体组成，这种组织最大的特点是在原奥氏体晶粒里平行分布着一列列细长状残余奥氏体岛或 M-A 岛，有明显原奥氏体晶粒边界。透射电子显微镜（transmission electron microscope，TEM）显示贝氏体铁素体基体由许多细小长条状的铁素体板条组成，铁素体板条中有很高的位错密度。在给定的区域内，铁素体晶粒取向几乎一致，残余奥氏体岛或 M-A 岛分布在板条之间。光学显微镜下只能通过残余奥氏体岛或 M-A 岛来反映其几何形状。

该分类系统中粒状贝氏体和贝氏体铁素体有很多相似之处，都属于奥氏体中温转变产物，只是粒状贝氏体的形成温度稍高或冷却速度稍慢，因而组织形态稍有不同。与贝氏体铁素体相同的是，都有弥散的奥氏体岛或 M-A 岛分布于铁素体基体中，不同的是，小岛具有粒状或等轴状。铁素体基体由含有较高位错密度的细小亚晶组成。亚晶一般为等轴状，在亚晶相遇处形成了岛状组成物。

2. Mn 系空冷贝氏体钢

20 世纪 30 年代，Devenport 等[71]发现了贝氏体组织并进行了大量的研究。早期的贝氏体钢一般是通过等温淬火工艺获得，由于工艺复杂其大规模生产应用受到限制。20 世纪 50 年代末期，英国的 Pickering[72]率先发明了 Mo-B 系空冷贝氏体钢，通过 Mo、W、B 等元素的加入，使一定尺寸的工件在空冷条件下得到以贝氏体为主的组织，从而实现了贝氏体钢生产的工艺变革。

20 世纪 70 年代，清华大学方鸿生等[58]采用廉价的 Mn、Cr、Si 为主合金元素开发的新型 Mn 系空冷贝氏体钢，具有强韧性好、成本低、工艺简单、节约能源、减少环境污染等突出优点，突破了为获得空冷贝氏体必须加昂贵 Mo、W 的传统成分设计思路。在长期贝氏体相变、贝氏体钢研究及其工业实践基础上，Mn 系空冷贝氏体钢发展出低碳系列的粒状贝氏体钢、仿晶界型铁素体/粒状贝氏体钢、中碳系列的下贝氏体/马氏体钢、无碳化物贝氏体/马氏体钢以及贝氏体耐磨铸钢等。

　　对于低碳系列的 Mn 系空冷贝氏体钢，热轧空冷后最常见的组织类型为粒状贝氏体。这类非针状组织的特征是高位错密度的板条束铁素体基体上弥散分布有 M-A 小岛。与铁素体/珠光体类型钢相比，粒状贝氏体钢具有较高的强度。与马氏体型调质钢相比，粒状贝氏体钢具有较高的韧性。

　　在粒状贝氏体钢基础上，通过降低 C 含量，增加 Cr 含量，热轧空冷后得到的组织类型为仿晶界型铁素体与粒状贝氏体的复相组织。与铁素体/珠光体类型钢相比，由于粒状贝氏体组织比珠光体组织具有更高的强度，用粒状贝氏体（简称"B_G"）代替珠光体，将会显著提高钢的强度；而适量仿晶界型非网状半连续的铁素体（简称"F_{GBA}"）替代块状先共析铁素体可以提高塑韧性。在 F_{GBA}/B_G 钢中，由于碳的质量分数较低（<0.08%），焊接性能和低温冲击韧性显著提高。图 3.17 为 F_{GBA}/B_G 钢的微观组织模型及扫描电子显微镜（scanning electron microscope, SEM）形貌。由图表明，在一定成分下，可以在很宽的冷速范围内获得 F_{GBA}/B_G 复相组织；在复相钢的裂纹扩展过程中，适量 F_{GBA} 能明显钝化裂纹尖端，阻碍裂纹扩展。

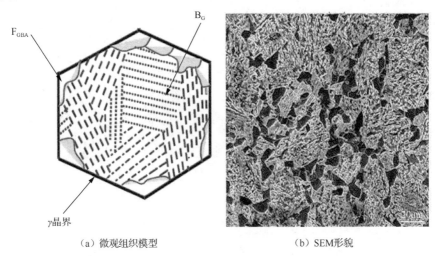

（a）微观组织模型　　　　　　　　　　　（b）SEM形貌

图 3.17　F_{GBA}/B_G 复相组织

F_{GBA}：仿晶界型非网状半连续的铁素体；B_G：粒状贝氏体

　　中碳 Mn 系贝氏体钢热加工后空冷条件下即可获得的下贝氏体/马氏体复相组织，不仅可空冷自硬，而且可通过不同成分及不同温度回火得到不同的强韧性。空冷下获得独特的性能：屈服强度 1600～1850MPa，洛氏硬度 56～62，屈强比 0.7～0.9。

　　在中碳 Mn 系贝氏体钢成分基础上，增加适量 Si 抑制碳化物形成，空冷后可获得具有残余奥氏体薄膜的无碳化物贝氏体/马氏体复相组织。与等强度的回火马氏体相比，含有这种组织的超高强度钢具有更好的韧性、更低的氢脆敏感性和抗延迟断裂能力。回火过程中，Si 可延迟渗碳体的析出，故无碳化物贝氏体/马氏体可在更高温度下回火。基于上述空冷超高强的 CFB/M 钢的强韧化思路及途径，所获得的 U25Si 及 U20Si 典型力学性能为：抗拉强度 σ_b>1600MPa，屈服强度 $\sigma_{0.2}$>1300MPa，伸长率 A_5>13%，断面收缩率 Z>53%，冲击功 A_{ku}>75J。

3. 低碳 Mn 系贝氏体钢中的粒状组织与粒状贝氏体

方鸿生等[68]根据铁素体基体的形成温度不同，将低碳 Mn 系空冷贝氏体钢中最常见的铁素体基体+M-A 岛类型的组织分为两类：一种铁素体基体为中温转变区形成的上贝氏体铁素体，基体上的小岛按不同亚晶粒区域内沿某些方向呈半连续的条状或棒状，近于平行的地排列在铁素体基体上，称为粒状贝氏体；另一种铁素体基体为先共析铁素区析出的先共析铁素体，M-A 岛呈块状或不规则形态，杂乱地分布在块状或多边形状铁素体基体上，称为粒状组织。这两种组织既可单独存在也可混合共存。图 3.18 给出了这两类组织形成的过程。

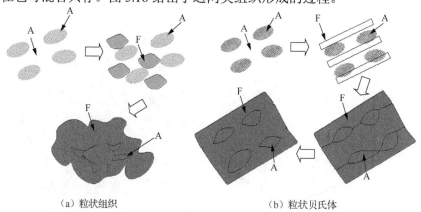

（a）粒状组织　　　　　　　　　　（b）粒状贝氏体

图 3.18　铁素体基体+M-A 岛组织形成示意图

A：奥氏体；F：铁素体

一般而言，在连续冷却条件下，粒状贝氏体的强韧性优于粒状组织，这是因为粒状贝氏体中上贝氏体铁素体的形成温度较低，贝氏体铁素体片条及分布于其上的 M-A 岛更加均匀弥散，尺寸较小。此外，M-A 岛平行排列，使得变形过程中裂纹按单通道途径扩展，而粒状组织的裂纹则按多通道扩展，粒状组织钢和粒状贝氏体钢的断口形貌及裂纹扩展路径如图 3.19 所示，其中粒状组织中有许多裂纹扩展路径，粒状贝氏体中条状小岛成为裂纹扩展障碍。

低碳 Mn 系空冷贝氏体钢中典型的粒状贝氏体精细组织如图 3.20 所示。通常认为，粒状贝氏体只在连续冷却的钢中出现，在等温转变的钢中无法得到。粒状

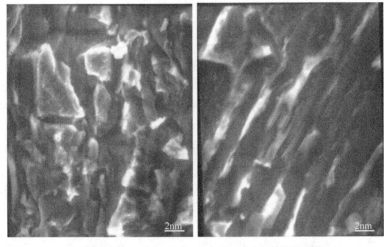

（a）粒状组织　　　　　　　　（b）粒状贝氏体

图 3.19　粒状组织钢和粒状贝氏体钢的断口形貌及裂纹扩展路径

贝氏体的一个主要但并非唯一的特征是组织内不存在碳化物，从贝氏体-铁素体中排出的碳促使残余奥氏体的稳定化，因此组织精细结构中含有残余奥氏体与高碳马氏体。

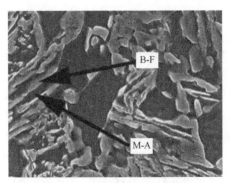

图 3.20　典型的粒状贝氏体精细组织

B-F：贝氏体-铁素体；M-A：马氏体-奥氏体

粒状贝氏体转变过程中产生表面浮突，但无不变平面应变特征，其贝氏体铁素体呈条片状，具有较高的位错密度。这些条片状铁素体与原始奥氏体之间存在 K-S 关系，即 $\{111\}_{\gamma}\|\{110\}_{\alpha}$，$<110>_{\gamma}\|<111>_{\alpha}$，惯习面为 $\{111\}_{\gamma}$。粒状贝氏体铁素体片条间分布着许多富碳小岛。在低倍透射电镜下富碳小岛是一些衬度较深、非针状的岛状亚结构，与转变温度和碳含量有关，无碳化物析出。倾转样品对其衬度基本上没有影响。在被电子束透射的小岛中，可观察到有细小的孪晶马氏体和较模糊的亚结构。

3.3.2　相变与强韧性

低碳 Mn 系贝氏体钢以其优良的性能、低廉的价格，成为重要的结构材料。通常采用低温强变形提高低碳锰钢的强韧性，但此工艺由于短的道次间隔和高的应变速率，对生产设备要求高，且过细的铁素体晶粒使得产品的屈强比过高，加工硬化能力下降，对材料的安全服役及成形性能不利。

在低碳 F_{GBA}/B_G 贝氏体复相钢成分基础上，通过强碳化物形成元素 Nb 微合金化，充分发挥微合金元素晶粒细化、固溶强化、抑制碳元素扩散的作用，从而降低相变温度、细化相变产物组织，对于提高低碳贝氏体复相钢强韧性作用显著。

1. 实验材料及方法

研究用无 Nb 钢化学成分（质量分数/%）为 C 0.08、Mn 2.0～2.3、Si 0.79、Cr 1.26；含 Nb 钢化学成分（质量分数/%）为 C 0.08、Mn 2.0～2.3、Si 0.82、Cr 1.18、Nb 0.02。研究用钢经中频感应电炉熔炼、浇注后，锻造成尺寸为 60mm×60mm×130mm 的锻坯。锻坯在 1250℃ 保温 1h 后进行轧制实验，轧制制度为 $60mm \xrightarrow{20\%} 48mm \xrightarrow{21\%} 38mm \xrightarrow{21\%} 30mm$，终轧温度为 850℃，轧后空冷至室温。

2. Nb 对 F_{GBA}/B_G 复相钢连续冷却转变曲线的影响

图 3.21 为 0.02%Nb 对 F_{GBA}/B_G 复相钢连续冷却转变曲线的影响。图 3.22 给出了不同冷却速度（冷速 V）下 2 种复相钢的显微组织。结合图 3.21 和图 3.22 可知，对于无 Nb 钢，F_{GBA}/B_G 复相组织可在 0.40℃/s 至 5.00℃/s 冷速范围内形成。对于含 Nb 钢，F_{GBA}/B_G 复相组织可在 0.17℃/s 至 2.00℃/s 冷速范围内形成。此外，通过对比奥氏体向铁素体转变温度 A_{r3} 和贝氏体转变温度 B_s 温度可以看出，相比无 Nb 钢，含 Nb 钢的 A_{r3} 温度及 B_s 温度显著降低。这个实验结果与 Abad 等[73]研究结果一致。Petrov 等[74]认为，在变形条件下，Nb 的添加使 A_{r3} 提高。分析认为，这是由于不同学者研究用钢 Nb 含量不同，热变形冷却过程也不同。Deng 等[75]通过实验研究结合模拟计算发现，当 Nb 含量较低时，先共析铁素体形核温度随着 Nb 含量的增加而降低，Nb 含量大于 0.023%后，形核温度并不会随 Nb 含量的增加而降低。

表 3.4 所示为不同冷速下的维氏硬度（Vickers hardness，HV）及对应的空冷板厚（板厚与冷速关系采用有限元法模拟得出）。由表 3.4 可以看出，相同冷速下，含 Nb 钢的硬度高于无 Nb 钢，且硬度差别在慢冷速下更为显著。以上实验结果表明 0.02%（质量分数）Nb 的添加使复相钢的连续冷却转变曲线右移，空冷钢可以在更低的冷速下获得 F_{GBA}/B_G 复相组织，淬透性增加。

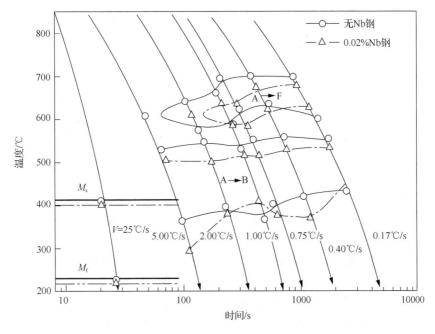

图 3.21　0.02%Nb 对 F_{GBA}/B_G 复相钢连续冷却转变曲线的影响

M_s：马氏体转变起始温度；M_f：马氏体转变终止温度

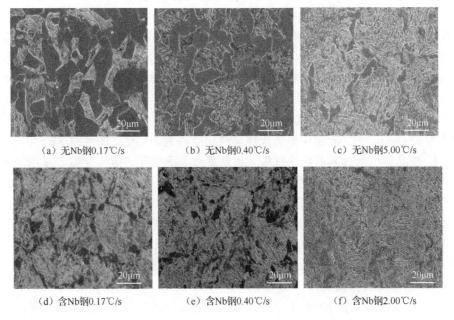

（a）无Nb钢0.17℃/s　　　（b）无Nb钢0.40℃/s　　　（c）无Nb钢5.00℃/s

（d）含Nb钢0.17℃/s　　　（e）含Nb钢0.40℃/s　　　（f）含Nb钢2.00℃/s

图 3.22　不同冷却速度条件下 F_{GBA}/B_G 复相钢的显微组织

表 3.4　不同冷速下的维氏硬度及对应的空冷板厚

冷却速度/(℃/s)	空冷板厚/mm	无 Nb 钢硬度/HV	含 Nb 钢硬度/HV
0.17	50	221	252
0.40	30	234	276
0.75	20	246	299
1.00	15	254	314
2.00	12	272	316
5.00	—	284	316
25.00	—	306	321

3. Nb 对 F_{GBA}/B_G 复相钢轧后组织与力学性能的影响

经热轧空冷后，无 Nb 钢抗拉强度为 780MPa，屈服强度 557MPa，延伸率 23.0%，冲击功 80J；含 Nb 钢抗拉强度为 937MPa，屈服强度 650MPa，延伸率 18.0%，冲击功 83J。可以看出，相比无 Nb 钢，含 Nb 钢抗拉强度提高 20%(157MPa)，屈服强度提高 17%(93MPa)，室温冲击韧性基本不变，延伸率略有下降。这表明，0.02%Nb 的添加在显著提高钢强度的同时，保持了较高的塑韧性。

图 3.23 为 F_{GBA}/B_G 复相钢轧后空冷的显微组织图，包括 OM 和 SEM 图。先共析铁素体根据形核位置与形态不同可分为两类，一类在奥氏体晶界表面形核，并优先沿奥氏体晶界长大，晶粒形态与晶体的对称性无关，称为仿晶界型铁素体；另一类倾向于在奥氏体晶粒内部形核，呈等轴状或块状生长，晶粒形态能基本反映铁素体的对称性，称为晶内铁素体。粒状贝氏体的特征是铁素体基体上弥散分布有马氏体-奥氏体小岛（M-A 岛）。根据仿晶界铁素体的分布及粒状贝氏体内 M-A 岛的位向关系，可以判断原奥氏体晶粒尺寸。如图 3.23（a）和（c）所示，无 Nb 钢中原奥氏体晶粒尺寸约为 40μm。仿晶界铁素体呈长条形沿原奥氏体晶界分布，长度约为 25μm，宽度约为 10μm。晶内先共析铁素体呈不规则块状分布，尺寸为 6~8μm。含 Nb 钢中原奥氏体晶粒尺寸约为 20μm[如图 3.23（b）和（d）所示]。仿晶界铁素体和晶内块状先共析铁素体显著细化，体积分数下降。仿晶界铁素体长度约为 10μm，宽度约为 4μm。晶内块状先共析铁素体尺寸减小到 4μm 以下。此外，由图 3.23 还可以看出，相比无 Nb 钢，含 Nb 钢中粒状贝氏体体积分数明显上升（即贝氏体铁素体和 M-A 岛体积分数明显上升）。以上金相组织观察结果可知，0.02%Nb 的添加细化了相变前的原奥氏体晶粒，抑制了 F_{GBA}/B_G 复相钢中的先共析铁素体相变，细化了先共析铁素体晶粒，促进了粒状贝氏体转变，使含 Nb 钢中贝氏体铁素体和 M-A 岛体积分数增加。

大量的研究表明，Nb 对于原奥氏体晶粒的再结晶具有强烈的阻碍作用，这是由于固溶在奥氏体中的微量溶质原子往往偏聚在位错及晶界处，从而阻止了位错的滑移和攀移，以及晶界的迁移，阻碍了奥氏体的再结晶，细化了奥氏体晶粒。

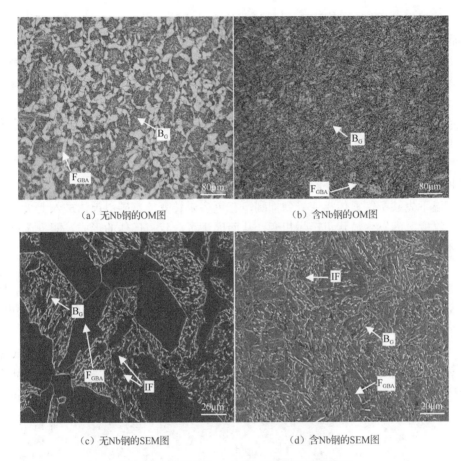

（a）无Nb钢的OM图　　　　　　　　（b）含Nb钢的OM图

（c）无Nb钢的SEM图　　　　　　　（d）含Nb钢的SEM图

图 3.23　轧后空冷 F_{GBA}/B_G 复相钢的显微组织

B_G：粒状贝氏体；F_{GBA}：仿晶界铁素体；IF：晶间铁素体

对于 F_{GBA}/B_G 复相钢而言，原奥氏体晶界是贝氏体铁素体重要的形核位置，原奥氏体晶粒的细化增加单位面积内的晶界数量，提高贝氏体铁素体的形核率，为贝氏体组织的细化提供了有利条件。

　　仿晶界铁素体和晶内块状铁素体本质上都属于先共析铁素体。先共析铁素体的形成受碳扩散的影响。一方面，由于 Nb 和 C 之间的强烈交互作用，固溶在基体中 Nb 显著降低了 C 在奥氏体中的扩散速度和 γ/α 相界面处的 C 的浓度梯度，进而降低奥氏体向铁素体转变的吉布斯自由能 $\Delta G_{\gamma\to\alpha}$。此外，由于 Nb 的原子半径较 Fe 原子大，易偏聚在 γ/α 相界面处，从而对高温下相界面的推移产生较强的拖曳作用。另一方面，当温度降至 Nb 固溶温度以下，在 γ/α 相界面上析出 Nb(C,N)粒子对相界面的运动具有明显的钉扎作用。因此，在含 Nb 钢中先共析铁素体转变区间内先共析铁素体的长大受到明显抑制，铁素体晶粒得到细化。

值得指出的是，关于固溶 Nb 的溶质拖曳效应与析出 Nb(C,N)粒子的钉扎作用到底哪个是主导因素，目前还存在争论。Jonas 等[76]认为固溶 Nb 对于晶粒细化的作用强于析出 Nb(C,N)粒子，而 Medina[77]认为析出 Nb(C,N)粒子的钉扎作用是主导因素。上述结果与 Jonas 等[76]的研究结果一致，这是因为实验用钢 Nb 的质量分数较低，为 0.02%，由 Irvine 等[78]的 Nb 固溶度公式：$\lg w_{Nb}w_C+12w_N/14=2.06-6700/T$，$T$ 为温度，可知高温下 Nb 已完全固溶。在含 Nb 钢的 TEM 图中，没有观察到大量析出的 Nb(C,N)粒子。因此组织变化的主要因素是固溶 Nb。

在完成 $\gamma \rightarrow \alpha$ 相变后，未转变的亚稳奥氏体将发生贝氏体的第一阶段转变，即 $\gamma \rightarrow \alpha$（贝氏体铁素体）$+\gamma$（富碳）小岛。相比无 Nb 钢，在含 Nb 钢中，由于高温下先共析铁素体相变受到抑制，有更多未转变的富碳奥氏体进入上贝氏体转变温度区间发生粒状贝氏体相变，从而促进了粒状贝氏体的形成，即贝氏体铁素体和 M-A 岛体积分数上升。

图 3.24 为 F_{GBA}/B_G 复相钢中粒状贝氏体的 TEM 图。如图 3.24（a）所示，无 Nb 钢在经变形空冷后，组织中出现大量不规则块状多边形铁素体及杂乱分布的块状 M-A 岛，块状 M-A 岛尺寸约为 1.2μm。此外，贝氏体铁素体具有高位错密度，呈条形平行分布，长度约为 2.5μm，宽度约为 0.5μm。如图 3.24（b）所示，含 Nb 钢中，块状多边形铁素体和块状 M-A 岛数量减少，取而代之的是条形贝氏体铁素体与夹在贝氏体铁素体之间呈短棒状彼此平行分布的 M-A 岛。条形贝氏体铁素体长度约为 1.5μm，宽度约为 0.4μm。M-A 岛的长度约为 1.2μm，宽度约为 0.3μm。

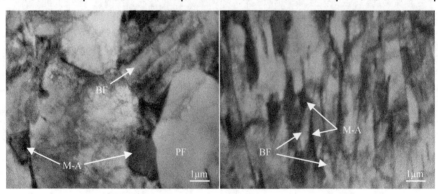

（a）无Nb钢　　　　　　　　　　　（b）含Nb钢

图 3.24　F_{GBA}/B_G 复相钢中粒状贝氏体的 TEM 图

BF：贝氏体铁素体；PF：多边形铁素体；M-A：马氏体-奥氏体

由图 3.24 可知，0.02%Nb 的添加细化了粒状贝氏体中贝氏体铁素体片条和 M-A 岛，这个结果可以通过贝氏体激发形核-台阶长大机制来解释。含有生长台阶的界面如图 3.25（a）所示，生长台阶附近铁素体/奥氏体界面两侧的碳浓度处于类平衡状态，在台阶迁移过程中，大量碳将从铁素体中排除到附近的奥氏体中，碳浓度梯度逐渐从 1 变化到 2，再逐渐变化到 3，如图 3.25（b）所示。随碳浓度梯度降低，相变驱动力逐渐由 10 向 20 变化，如图 3.25（c）所示。随相变驱动力下降，台阶迁移速度也逐渐下降，当相变驱动力不足以克服相变阻力时，长大过程停止。此时，贝氏体铁素体的长大只能靠激发形核进行。激发形核后，贝氏体铁素体继续以台阶方式长大，而贝氏体铁素体的长大过程促使二次激发形核，如此反复，形成了图 3.25（d）所示的上贝氏体组织。分析认为，Nb 和 C 之间的强烈交互作用，降低了碳在奥氏体中的扩散速度，从而使台阶迁移速度下降。当台阶迁移停止时，贝氏体铁素体在析出物新相界面上激发形核并通过台阶方式长大。台阶迁移时间越短，形成的贝氏体铁素体基元尺寸越细小。因此，在含 Nb 钢中贝氏体铁素体片条细化。

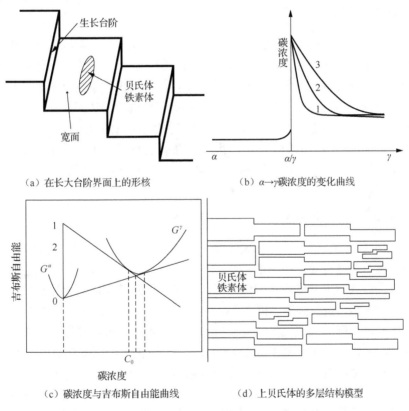

（a）在长大台阶界面上的形核　　　　　　　（b）α→γ碳浓度的变化曲线

（c）碳浓度与吉布斯自由能曲线　　　　　　（d）上贝氏体的多层结构模型

图 3.25　贝氏体铁素体激发-台阶机制示意图

富碳的 γ 小岛是在贝氏体铁素体形成过程中，过饱和的碳富集到其周围奥氏体中形成的。即在随后的冷却过程中，发生粒状贝氏体的第二阶段相变：γ（富碳）小岛→M 或 M+B（取决于富碳 γ 小岛的成分及冷速）与残余奥氏体。随着贝氏体铁素体片条数量增多，长度变小、富碳的 γ 小岛数量增多，尺寸减小。因此，在含 Nb 钢中，呈短棒状彼此平行分布的 M-A 岛数量增多，尺寸减小。

对于 F_{GBA}/B_G 复相组织而言，钢的屈服强度主要取决于铁素体基体的强度，而铁素体基体强度与先共析铁素体和粒状贝氏体内贝氏体铁素体的尺寸及体积分数密切相关。复相钢的抗拉强度主要取决于粒状贝氏体内 M-A 岛的形态和体积分数。

0.02%（质量分数）Nb 的添加细化了先共析铁素体和贝氏体铁素体，提高了贝氏体铁素体的体积分数，从而强化了铁素体的基体，表现为含 Nb 钢屈服强度上升。此外，0.02%Nb 的添加使 M-A 岛形貌由杂乱分布的块状向彼此平行分布的短棒状转变，M-A 岛平均尺寸减小，体积分数增加，从而使含 Nb 钢的抗拉强度提高。

3.3.3　回火热处理工艺及其组织性能

对于 Mn 系含 Nb 贝氏体钢，通过 Nb 微合金化后空冷，可以调整贝氏体钢的相变产物、细化组织，达到改善力学性能的目的。此外，低碳贝氏体钢经适当工艺回火，可以显著提高其屈服强度和冲击韧性，使贝氏体钢具有更为理想的强韧性匹配。依据合金体系，处理工艺不同及对强韧化机理的认识差异，目前在低碳贝氏体钢中对回火参数、力学性能和作用机制之间关系的报道也有所差别[79-80]。在对 Mn 系含 Nb 空冷贝氏体钢轧后组织-性能研究的基础上，系统研究不同回火温度对贝氏体钢组织与性能的影响，为 Mn 系含 Nb 贝氏体钢的回火工艺优化提供理论依据。

1. 回火对无 Nb 钢力学性能及组织的影响

图 3.26 为无 Nb 钢在不同回火温度下，保温 1h 后力学性能的变化。随回火温度提高，抗拉强度有逐渐下降的趋势，当回火温度小于 450℃时，抗拉强度下降并不明显，但当回火温度高于 450℃时，抗拉强度加速下降。相比热轧空冷态，670℃回火 1h 后，抗拉强度下降 34%，为 584MPa。在 350℃ 以下回火时，屈服强度略为上升，当回火温度高于 350℃时，随回火温度提高，屈服强度逐渐降低。670℃回火 1h 后，屈服强度下降至 423MPa，相比空冷态下降了 24%。550℃以下回火时，延伸率的变化并不显著，当回火温度大于 550℃后，随回火温度提高，延伸率明显提高，至 670℃回火时延伸率达 33.0%。随回火温度升高，室温冲击韧性总体呈上升趋势，450℃回火时出现一定回火脆性，但冲击功下降不显著。

图 3.27 为无 Nb 钢在不同温度回火 1h 后的 SEM 图。350℃回火后，铁素体的基本形态与未回火态相比无明显变化，平均晶粒尺寸约为 8～20μm。粒状贝氏体内 M-A 岛的形貌和尺寸也没有明显变化，M-A 岛体积分数约为 24%，平均晶粒尺寸为 1.5μm。450℃回火后，粒状贝氏体中部分 M-A 岛开始发生分解。550℃回

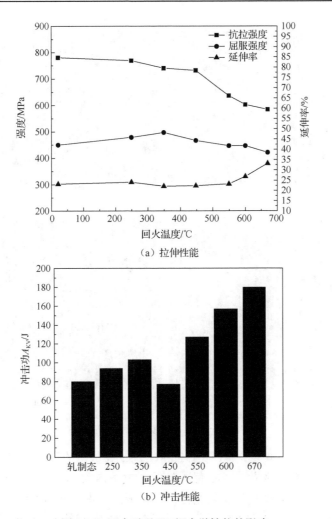

（a）拉伸性能

（b）冲击性能

图 3.26　回火对无 Nb 钢力学性能的影响

火后，粒状贝氏体中大多数 M-A 岛明显发生分解，在分解位置附近析出部分细小的碳化物粒子。670℃回火后，粒状贝氏体内 M-A 岛大量分解，析出的碳化物数量增加。铁素体基体中部分位置出现再结晶现象，如图 3.27（d）所示。

　　无 Nb 钢在不同温度回火 1h 后的 TEM 图如图 3.28 所示。350℃回火后，组织由高位错密度的贝氏体铁素体、块状铁素体及块状的 M-A 岛构成。高倍数下的 TEM 观察表明，组织中 M-A 岛附近出现粒径为 5～6nm 的粒子，由于粒子粒径太小，选区衍射无法标定出具体的相组成，根据无 Nb 钢的成分特点（未添加微合金元素）及已发表的研究结果[81]，判断其为部分 M-A 岛中析出的碳化物。部分粒子分布于位错线上，如图 3.28（a）中箭头所示，对位错的运动起到了钉扎作用。

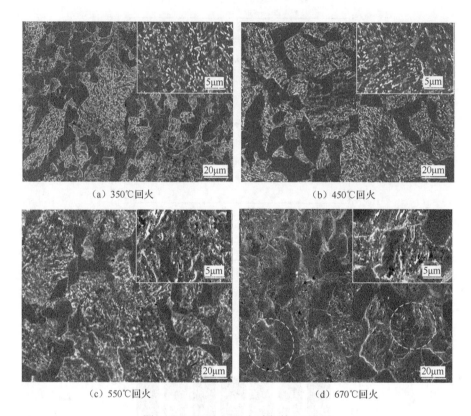

（a）350℃回火　　　　　　　　　　　（b）450℃回火

（c）550℃回火　　　　　　　　　　　（d）670℃回火

图 3.27　无 Nb 钢回火过程的 SEM 图

450℃回火后，M-A 岛继续分解，如图 3.28（b）所示，析出的碳化物粒径约为 20nm。贝氏体铁素体板条内部位错密度有所降低，板条内大部分位错形成胞状结构。550℃回火后，贝氏体铁素体板条宽化，部分板条发生合并而形成多边形铁素体，位错密度显著降低，M-A 岛数量减少，析出的碳化物粒径约为 70nm，如图 3.28（c）中箭头所示。670℃回火后，在观察视场内板条态贝氏体铁素体合并，尺寸增大，析出的碳化物发生聚集球化，平均粒径为 120nm，如图 3.28（d）中箭头所示。

从上面的实验结果可以看出，无 Nb 钢在回火过程中主要发生了如下组织变化：

（1）M-A 岛在 350℃回火时，SEM 基本形态变化不大，但 TEM 下岛边缘发生分解，析出细小碳化物粒子。

（2）450℃回火时，铁素体基体发生了回复，贝氏体铁素体位错密度降低，SEM 和 TEM 图中均发现部分 M-A 岛发生分解，尺寸减小，析出的碳化物粒径约为 20nm。

（3）550~670℃回火时，贝氏体铁素体板条结构逐渐宽化、消失，基体中位错密度大幅下降，M-A 岛由于充分析出碳化物而逐步分解，分解过程一直持续到高温阶段，此时碳化物聚集球化，平均粒径增大。高温阶段，部分位置铁素体基体发生了再结晶现象。

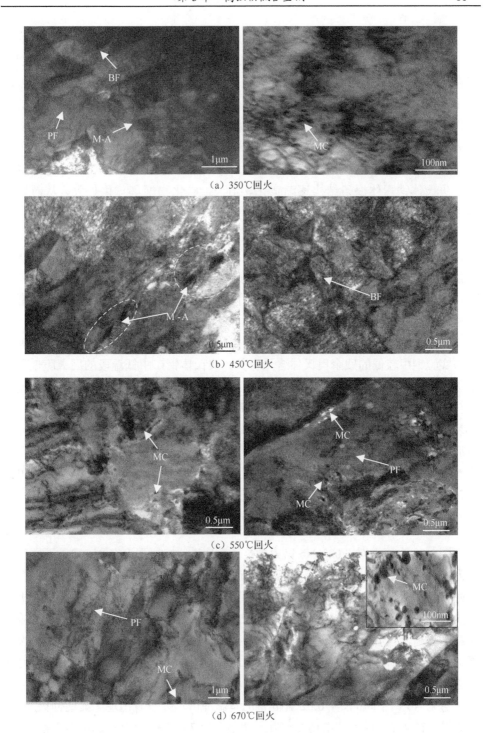

(a) 350℃回火

(b) 450℃回火

(c) 550℃回火

(d) 670℃回火

图 3.28　无 Nb 钢回火 1h 后的 TEM 图

M-A：马氏体-奥氏体；BF：贝氏体铁素体；PF：多边形铁素体；MC：碳化物粒子

　　结合无 Nb 钢回火后力学性能曲线（图 3.26）可以看出，各项性能指标的变化，主要与无 Nb 钢中粒状贝氏体的一系列变化，即铁素体基体和 M-A 岛组织转变，析出碳化物的尺寸、分布有关。在 350℃回火时，屈服强度的上升，一方面是由于基体中细小弥散碳化物的析出及 M-A 岛中马氏体和奥氏体分解转变的综合作用；另一方面可能与残余应力的释放有关。450℃回火时，位错密度降低，M-A 岛分解，但碳化物粒子的析出强化部分程度上抵消了由此带来的强度降低，因此与 350℃回火时相比，强度降低不大。550～670℃回火时，M-A 岛逐步分解，贝氏体铁素体板条结构逐渐宽化、消失，碳化物聚集球化长大，从而导致强度下降。

　　韧性变化的主要原因是随回火温度升高，M-A 岛分解并逐步由弥散分布的碳化物取代，基体中位错密度逐渐下降，铁素体基体发生回复和再结晶。此外，可能还与碳化物析出的位置，M-A 岛中马氏体及残余奥氏体分解产物有关（M-A 岛中孪晶马氏体转变为回火马氏体及未分解的残余奥氏体使得机械稳定性增强）。

　　无 Nb 钢在 450℃左右回火时出现一定的回火脆性，但韧性降低较少的原因主要与实验钢中较低的残余奥氏体含量有关。贝氏体钢在中低温段的回火脆性是由于贝氏体铁素体板条界面及晶界分布的 M-A 岛中残余奥氏体在中低温回火过程中转变为碳化物，这些碳化物在冲击载荷作用下易成为裂纹核心，从而发生界面断裂[82,83]。回火过程中，残余奥氏体含量变化趋势呈马鞍状[84]，先降低，后升高，最后降至最低。XRD 结果表明，热轧后实验钢中残余奥氏体均小于 5.0%，即残余奥氏体较少。因此，在贝氏体铁素体板条界面及晶界分布的 M-A 岛中残余奥氏体转变为碳化物的数量有限，韧性降低较少。

　　2. 回火对含 0.02%Nb 钢力学性能及组织的影响

　　图 3.29 为回火对 0.02%Nb 钢力学性能的影响。抗拉强度在 450℃以下回火时较为稳定，550℃以上回火时，随回火温度提高，抗拉强度明显下降。在 350℃以下回火时随回火温度提高，屈服强度显著升高。350℃回火 1h 后，屈服强度相对未热处理态升高 16.3%（106MPa），为 756MPa。此后，屈服强度出现了一个随回火温度升高，强度变化不明显的平台。回火温度大于 600℃后，屈服强度再次下降。670℃回火时，屈服强度为 556MPa。延伸率的总体变化趋势是随回火温度升高逐渐上升，450℃回火后延伸率增幅较明显。

　　与无 Nb 钢不同的是，0.02%Nb 钢的室温冲击功并没有出现明显的回火脆性。回火温度在 450℃以下冲击功变化并不明显，为 70～83J。550～670℃回火后，随回火温度提高，冲击功上升。从以上分析可以看出，对于 0.02%Nb 钢，较佳的回火工艺为 550℃回火 1h，此时抗拉强度为 824MPa，屈服强度 706MPa，延伸率 20.8%，室温冲击功为 110J。

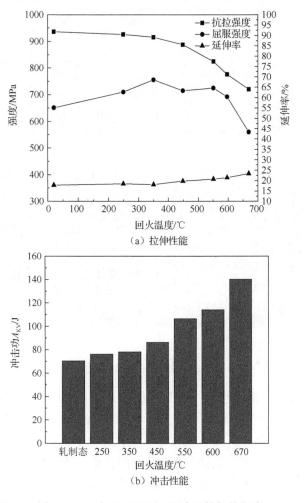

（a）拉伸性能

（b）冲击性能

图 3.29　回火对 0.02%Nb 钢力学性能的影响

图 3.30 为 0.02%Nb 钢在不同温度回火 1h 后的 SEM 图。350℃回火后，粒状贝氏体内 M-A 岛的形貌和尺寸与热轧空冷态基本一致，无明显变化。M-A 岛呈短棒状平行分布，平均尺寸为 1.2μm。450℃回火后，粒状贝氏体内 M-A 岛开始发生部分分解，析出尺寸较小的碳化物，岛的平行分布形态略有退化。550℃回火后，由于析出大量碳化物，在 SEM 观察组织过程中不易聚焦。M-A 岛体积分数为 28%左右。670℃回火后，尺寸稍小的 M-A 岛完全溶解，在 M-A 岛完全分解的位置，铁素体发生再结晶现象，如图 3.30（d）圆框所示，尺寸较大的 M-A 岛分解后尺寸减小。部分在 M-A 岛周围分布的碳化物有所溶解。

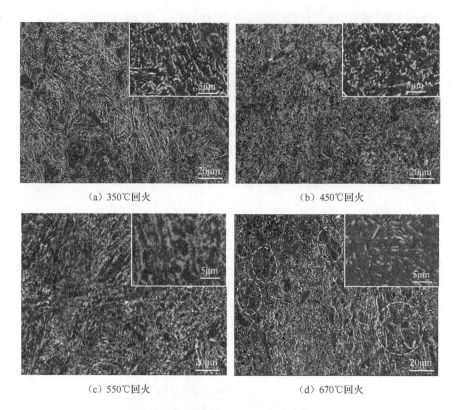

(a) 350℃回火 (b) 450℃回火

(c) 550℃回火 (d) 670℃回火

图 3.30 0.02%Nb 钢回火 1h 后的 SEM 图

图 3.31 为 0.02%Nb 钢在不同温度回火 1h 后的 TEM 图。350℃回火后，组织主要由高位错密度的贝氏体铁素体及短棒状的 M-A 岛构成。在高倍数下的 TEM 图中可以发现，组织中部分 M-A 岛附近有碳化物粒子析出，粒子粒径小于 10nm，如图 3.31（a）中箭头所示。这部分弥散分布的粒子是造成 0.02%Nb 钢 350℃回火后屈服强度大幅升高的重要原因之一。450℃回火后，部分 M-A 岛发生分解，析出弥散分布的碳化物粒子，粒径为 30～40nm，如图 3.31（b）中箭头所示。贝氏体铁素体板条有所加宽，为 500～700nm。板条中位错密度略微下降。550℃回火后，M-A 岛继续分解，如图 3.31（c）中圆框所示，贝氏体铁素体位错密度下降，部分区域的铁素体发生多边形化，被位错网络分割成许多亚晶粒。670℃回火后，基体内部位错密度大幅降低，组织中贝氏体铁素体仍保持了板条形态，但宽度显著增大，界面变得弯曲，相邻的铁素体间有合并的趋势。此外，在部分视场内退化的贝氏体铁素体界面上，由 M-A 岛分解而来的碳化物粒子呈链状沿界面分布，平均尺寸约为 150nm，如图 3.31（d）中箭头所示。

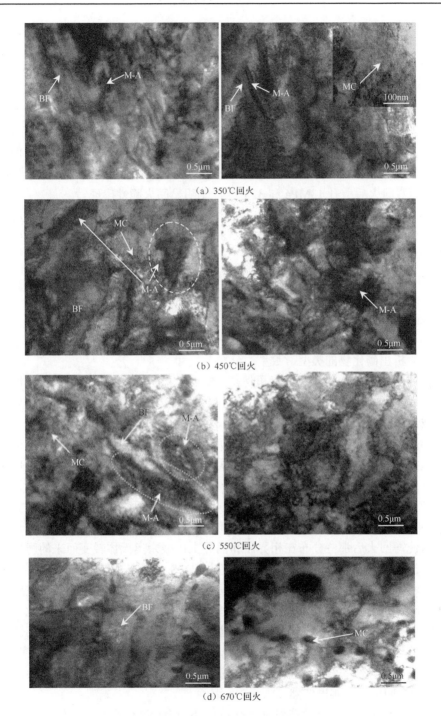

图 3.31　0.02%Nb 钢回火 1h 后的 TEM 组织观察

M-A：马氏体–奥氏体；BF：贝氏体铁素体；MC：碳化物粒子

3. 低碳贝氏体复相钢的回火特性及力学性能变化的组织因素

对比图 3.26 及图 3.29 所示 2 种钢的力学性能曲线可以看出,与无 Nb 钢相比,含 Nb 钢具有以下回火特性:

(1) 低温回火阶段(回火温度≤350℃),保持了较高的强度,抗拉强度均大于 900MPa,屈服强度均大于 700MPa,但随回火温度升高,韧性提高不明显。

(2) 中温回火阶段(350℃<回火温度≤550℃),抗拉强度虽有下降,但仍然保持了较高水平,屈服强度出现二次硬化现象。含 Nb 钢经 550℃回火后,屈服强度比 450℃回火后上升 13MPa 和 32MPa,无明显回火脆性出现。

(3) 高温回火阶段(550℃<回火温度≤670℃),600℃高温回火前,强度可保持较高值,屈服强度均大于 700MPa,韧性提升明显。670℃回火后,抗拉强度和屈服强度大幅下降。

结合显微组织观察,造成以上力学性能变化的主要因素有:

(1) M-A 岛的回火分解。

(2) 贝氏体铁素体板条形态变化。

(3) 位错密度变化。

(4) 析出碳化物的类型、数量、分布及尺寸。

低温回火阶段,M-A 岛边缘虽然部分分解,但贝氏体铁素体板条和位错密度变化不大,加之析出的 ε 碳化物粒子和 Nb(C,N)粒子阻碍位错运动,这些效应叠加造成屈服强度上升,抗拉强度略微降低,而韧性提高不明显。

中温回火阶段,M-A 岛部分分解,贝氏体铁素体板条稍有加宽,位错密度下降,这些因素是抗拉强度下降的主要因素。由于含 Nb 钢中 M-A 岛回火后依然保持较高的体积分数,析出的碳化物和 Nb(C,N)弥散分布,贝氏体铁素体板条形态未退化,抗拉强度仍然保持较高水平。屈服强度出现二次硬化的原因主要是 Nb(C,N)的析出。未出现明显的回火脆性可能与含 Nb 钢中低的残余奥氏体含量有关,这使得回火后那些分布在相界面和晶界上由残余奥氏体转变而来的脆性碳化物对冲击韧性的影响降低,此外,可能还与 P、S 元素在晶界的偏聚有关[85]。

高温回火阶段,M-A 岛分解增强,贝氏体铁素体板条宽化或合并,位错密度大幅下降,析出的碳化物聚集球化,这些效应使强度下降,韧性升高。此外,含 0.02%(质量分数)Nb 钢中部分位置发生的铁素体基体再结晶现象也是韧性提高的原因。与无 Nb 钢高温回火后相比,含 Nb 钢高温回火后保留较高数量的 M-A 岛强化相,贝氏体铁素体保留了板条形态,加之 Nb(C,N)析出效应的叠加,使得即使 670℃回火后,强度依然高于无 Nb 钢。

值得指出的是,上述力学性能变化可能还与析出碳化物类型及位置,M-A 岛中马氏体,残余奥氏体分解产物(M-A 岛中孪晶马氏体转变为回火马氏体,未分解的残余奥氏体机械稳定性提高），回火后残余应力等因素有关。关于这方面的工作，还有待继续深入研究。

通过上述对低碳 Mn 系含 Nb 贝氏体钢的相变、强韧性及回火热处理等组织性能研究可以看出，在合金元素简单的低碳 F_{GBA}/B_G 贝氏体复相钢成分基础上，采用强碳化物形成元素 Nb 微合金化，充分发挥了微合金元素晶粒细化、固溶强化、相变产物组织细化等作用，显著提高了低碳 Mn 系贝氏体钢的强韧性。

低碳 Mn 系含 Nb 贝氏体钢的研究开发与应用，丰富了当前除超细晶粒钢、低碳马氏体钢外的油气井管材用高强韧低合金钢理论体系，相关成果对于满足当前油气井钻采管材的高性能、低成本、长寿命等性能需求具有重要意义和广泛的应用推广前景。

参 考 文 献

[1] 李鹤林. 李鹤林文集(下)——石油管工程专辑[M]. 北京: 石油工业出版社, 2017.

[2] 殷国茂. 高强度石油钻杆生产中几个技术问题的探讨和质量控制[J]. 钢管技术, 1981(2): 1-20.

[3] 李鹤林. 国外石油矿场用钢的现状与动向[J]. 石油钻采机械, 1982(6): 28-37.

[4] 张毅, 赵仁存, 张汝忻. 国内外高强度钻杆的技术质量评述[J]. 钢管, 2000, 29(5): 1-8.

[5] Specification for casing and tubing: API SPEC 5CT—2019[S]. Washington, D C: American Petroleum Insititute, 2019.

[6] 黄恺. 焊缝热影响区的软化与钻杆用钢的选择——焊缝物理冶金讨论之三[J]. 钢管技术, 1986 (4): 10-14.

[7] 姚福魁. DZ55(N80)级常化石油套管室钢试验室筛选试验报告[J]. 包钢科技, 1981(3): 24-29.

[8] 布新福. 石油套管实物质量调查[J]. 包钢科技, 1992(4): 47-53.

[9] 张之奇, 陈甦. 石油钻杆生产的回顾与展望[J]. 钢管, 1994(4):1-9.

[10] 宋宝湘. E75 级石油钻杆生产和使用[J]. 宝钢技术, 1991(3): 19-24.

[11] 李鹤林, 张毅, 罗宝怀. 20CrMnSiMoVA 与 20SiMn2MoVA 钢回火温度的试验[J]. 金属热处理, 1982(8): 20-26.

[12] 李宝富. 鞍钢与日本住友石油管质量探讨[J]. 鞍钢科技, 1982(2): 75-82.

[13] 王书智. J-55 管坯的试制[J]. 钢管技术, 1984(5): 25-30.

[14] 李国栋. 利用快速调质机组生产 N-80 级石油套管[J]. 冶金分析与测试, 1984(4): 31-35.

[15] 李曼云, 黄敏文, 刘松泉. 轧制条件对 45 钢石油套管形变结晶的影响[J]. 钢管技术, 1987 (3): 6-12.

[16] 张卫东, 卢文增, 孙中健. 37Mn5 钢高温形变结晶规律的研究[J]. 华东冶金学院学报, 1989,6(4): 31-36.

[17] 宝钢科技部. 宝钢研制成功高抗射孔开裂的 J55 钢级套管[J]. 上海金属, 1994, 16(1): 63.

[18] 李春宣. 宝钢试制成功 P110 石油套管[J]. 钢管, 1995(5): 58.

[19] 田党, 李莹, 刘钰, 等. 42MnCr52(N80)管材热处理工艺研究[J]. 天津冶金, 1995(3): 12-16.

[20] 王素志, 傅健成. 化学成分和正火工艺对 J55 钢套管屈服强度的影响[J]. 特殊钢, 1996, 17(1): 52-54.

[21] 马中海, 梅文渊. 天钢产两种大尺寸套管首次入井试验成功[J]. 石油勘探技术, 1994, 22(3): 53-54.

[22] 徐海澄. 转炉试制超低硫低磷钻杆用钢的研究[J]. 宝钢技术, 2004(S1): 33-35.

[23] 刘麒麟. 冶炼工艺对 36CrNiMo4 钻杆用钢冲击功影响[J]. 宝钢技术, 2004(1): 29-32.

[24] 张备. 37CrMnMo4H1 钻杆接头用钢的研制[J]. 钢铁, 2003, 38(11): 18-20.

[25] 曹建军. 26CrMoNbTiB 钢钻杆研制[D]. 长沙: 中南大学, 2006.

[26] 刘剑辉. EAF-LF(VD)-HCC 流程生产钻杆管用钢 26CrMoNbTiB 的洁净度[J]. 特殊钢, 2010, 31(1): 40-42.

[27] 赵鹏. 宝钢钻杆的生产技术实践[J]. 钢管, 2012, 41(2): 21-24.

[28] 姜新越, 胡峰, 庄大明, 等. 回火温度对 V150 钻杆钢的强韧性匹配的影响[J]. 钢管, 2012, 41(5): 22-28.

[29] 陈长青. 国内最高钢级钻杆成功应用[J]. 青海石油, 2012(4): 46.

[30] 刘阁. 热处理对 V150 钻杆钢耐腐蚀性能的影响研究[D]. 成都: 西南石油大学, 2014.

[31] 付炜冬. 高强韧 S135 钻具用管关键制造技术开发[D]. 天津: 天津大学, 2015.

[32] 舒志强, 袁鹏斌, 欧阳志英, 等. 回火温度对 26CrMo 钻杆钢显微组织和力学性能的影响[J]. 金属学报, 2017, 53(6): 669-676.

[33] 刘怀刚, 徐志谦. 用 30Mn4 钢生产 N80 钢级套管研究[J]. 钢铁研究, 2002(6): 39-44.

[34] 高淑荣, 王永然. 转炉开发 N80 级非调质石油套管钢的实践[J]. 天津冶金, 2006(4): 10-13.

[35] 孙开明, 李士琦, 张传友, 等. 26CrMo4V 钢高抗挤套管内折叠的分析和改进工艺措施[J]. 特殊钢, 2008, 29(6): 31-33.

[36] 白兴国, 梅丽, 陈建伟, 等. 淬火温度对石油套管用钢 27MnCrV 冲击韧性的影响[J]. 特殊钢, 2010, 31(2): 63-65.

[37] 赵聪, 张恭. 天钢 N80 石油套管用钢的生产实践[J]. 天津冶金, 2013(6): 1-3.

[38] 张然. Q125 钢级高强度石油套管的试制生产[J]. 钢管, 2019, 48(2): 35-39.

[39] 殷光虹. 宝钢油井管水淬技术的开发研究[J]. 钢管, 2001, 30(5): 1-6.

[40] 张忠锋, 张春霞, 殷光虹, 等. 宝钢抗腐蚀系列油井管的开发[J]. 宝钢技术, 2009(S1): 62-67.

[41] 张忠锋. 宝钢油井管产品使用手册[M]. 上海: 上海交通大学出版社, 2017.

[42] 刘敏. C110 油套管微观结构和硫化物应力开裂机理研究[D]. 上海: 上海大学, 2018.

[43] 李亚欣, 刘雅政, 赵金峰, 等. 冷却速度对 25MnV-P110 钢级石油套管相变规律的影响[J]. 钢管, 2009, 38(1): 22-24.

[44] 吴乐胜, 方剑, 李明新, 等. 定径和冷却工艺参数对 40Mn2V 钢 N80-1 套管组织和力学性能的影响[J]. 特殊钢, 2013, 34(6): 45-49.

[45] 谢凯意. 42MnMo7 钢 N0 级油管的热处理工艺试验[J]. 钢管, 2004, 33(6): 32-34.

[46] 李振国, 赵广林, 张磊. 经济型 P110 钢级的石油套管工艺探究[J]. 包钢科技, 2009, 35(S1): 49-51.

[47] 赵强, 米永峰, 乔爱云. P110(27CrMo) 级石油套管热处理工艺研究[J]. 包钢科技, 2014, 40(4): 29-32.

[48] 王晓东, 郭峰, 包荣喜, 等. 基于 TMCP 研究套管钢 30MnCr22 的动态再结晶[J]. 热加工工艺, 2019, 48(24): 30-36.

[49] 邓通武, 陈亮, 李红光, 等. 27CrMoTi 钢套管螺纹表面裂纹成因分析[J]. 理化检验-物理分册, 2017, 53(11): 829-832.

[50] 解德刚, 王长顺, 陈勇, 等. 改善非调质 N80 套管强韧性的试验研究[J]. 钢铁钒钛, 2013, 34(6): 91-95.

[51] 尹人洁, 王娴娜, 陈坤, 等. 大直径非调质 N80 钢级石油套管的研制与开发[J]. 钢管, 2008, 37(5): 35-39.

[52] 孙龙德, 邹才能, 朱如凯, 等. 中国深层油气形成、分布与潜力分析[J]. 石油勘探与开发, 2013, 40(6): 641-649.

[53] 庞雄奇. 中国西部叠合盆地深部油气勘探面临的重大挑战及其研究方法与意义[J]. 石油与天然气地质, 2010, 31(5): 517-534, 541.

[54] 石德珂, 金志浩. 材料力学性能[M]. 西安: 西安交通大学出版社, 1998.

[55] 杨卫. 宏微观断裂力学[M]. 北京: 国防工业出版社, 1995.

[56] 刘觐, 朱国辉. 超细晶粒钢中晶粒尺寸对塑性的影响模型[J]. 金属学报, 2015, 51(7): 777-783.

[57] SINGH R B, MUKHOPADHYAY N K, SASTRY GV S, et al. Development of single phase bimodal microstructure in bulk ultrafine-grained low carbon steel[J]. Materials Today: Proceedings, 2020, 26(2): 1514-1519.

[58] 方鸿生, 冯春, 郑燕康, 等. 新型 Mn 系空冷贝氏体钢的创制与发展[J]. 热处理, 2008, 22(3): 1-19.

[59] 舒志强, 欧阳志英, 龚丹梅. 高钢级钻杆强度塑性试验研究[J]. 石油钻探技术, 2017, 45(5): 53-59.

[60] 付炜冬. 高强韧 S135 钻具用管关键技术开发[D]. 天津: 天津大学.

[61] 张建设. 提高高抗挤毁套管井筒生产寿命[J]. 天津冶金, 2016(1): 12-15.

[62] 田青超. 抗挤毁套管产品开发理论和实践[M]. 北京: 冶金工业出版社, 2013.

[63] 韩礼红, 谢斌, 王航, 等. 稠油蒸汽吞吐热采井套管柱应变设计方法[J]. 钢管, 2016, 45(3): 11-18.

[64] WEI W, HAN L, WANG H, et al. Low-cycle fatigue behavior and fracture mechanism of HS80H steel at different strain amplitudes and mean strains[J]. Journal of Materials Engineering & Performance, 2017, 26(4): 1717-1725.

[65] 陈阳, 雒设计, 韩礼红, 等. 80 钢级热采井套管材料的研究与发展趋势[J]. 化工技术与开发, 2019, 48(5): 39-42.

[66] 陈静静, 李德君, 白强, 等. 基于材料应变硬化行为的膨胀管膨胀力计算模型[J]. 材料热处理学报, 2017, 38(8): 151-158.

[67] 李鹤林, 张亚平, 韩礼红. 油井管发展动向及高性能油井管国产化(上)[J]. 钢管, 2007(6): 1-6.

[68] 方鸿生, 王家军, 杨志刚, 等. 贝氏体相变[M]. 北京: 科学出版社, 1999.

[69] BRAMFITT B L, SPEER J G. Perspective on the morphology of bainite[J]. Metallurgical Transactions A, 1990, 21(3):817-829.

[70] ARAKI T. Atlas for bainitic microstructures[Z]. ISIJ, 1992(1): 4-5.

[71] DAVENPORT E S, BAIN E C. Transformation of austenite at constant subcritical temperatures[J]. Metallurgical Transactions B, 1970, 1(12): 3503-3530.

[72] PICKERING F B. Physical Metallurgy and the Design of Steels[M]. London: Applied Science Publishers, 1978.

[73] ABAD R, FERNÁNDEZ A I, LÓPEZ B, et al. Interaction between recrystallization and precipitation during multipass rolling in a low carbon niobium microalloyed steel[J]. Journal of the Iron and Steel Institute, 2001, 41(11): 1373-1382.

[74] PETROV R, KESTENS L, HOUBAERT Y. Characterization of the microstructure and transformation behaviour of strained and nonstrained austenite in Nb-V-alloyed C-Mn steel[J]. Mater Characterization. 2004, 53(1): 51-56.

[75] DENG T Y, XU Y B, YUAN X Q, et al. Prediction of Ar3 for Nb containing low carbon steels[J]. Acta Metallurgica Sinica. 2007, 43(10): 1091-1095.

[76] JONAS J J, AKBEN M G. Retardation of austenite recrystallization by solutes: A critical appraisal met forum[J]. Metals Forum. 1981, 4 (1): 92-101.

[77] MEDINA S F. Influence of niobium on the static recrystallization of hot deformed austenite and on strain induced precipitation kinetics[J]. Scripta Metallurgica et Materialia. 1995, 32(1): 43-48.

[78] IRVINE K J, PICKERIN F B, GLADMAN T. Grain-refined C-Mn steels[J]. Journal of the Iron and Steel Institute, 1967, 205(2): 161-182.

[79] 陈林恒, 康永林, 黎先浩, 等. 回火温度对 600MPa 级低碳贝氏体钢组织和力学性能的影响[J]. 北京科技大学学报, 2009, 31(8): 983-987.

[80] 武会宾, 尚成嘉, 杨善武, 等. 超细化低碳贝氏体钢回火组织及力学性能[J]. 金属学报, 2004, 40(11): 1143-1150.

[81] BHADESHIA H K D H, CHRISTIAN J W. Bainite in steels[J]. Metallurgical Transactions A, 1990, 21(3): 767-797.

[82] MARDER A R, KRAUSS G. Morphology of martensite in iron-carbon alloys[J]. American Society of Metals-Trans, 1967, 60(4): 651-660.

[83] 肖纪美. 金属的韧性与韧化[M]. 上海: 上海科学技术出版社, 1982.

[84] 宋武林, 刘树德, 林颜盛. 贝氏体组织中的残余奥氏体回火转变及其对钢的强韧性的影响[J]. 机械工程材料, 1989, 71(2): 20-22.

[85] 翁宇庆. NiCrMoV 转子钢回火脆性的研究(Ⅲ)——某些合金元素(锰、钼)对回火脆性敏感性的影响. 钢铁研究学报, 1987, 7(1): 27-35.

第4章 耐蚀及抗开裂材料

在现代石油天然气工业体系中，油气井管材的腐蚀及失效问题尤为突出。服役环境造成的油气井管材减薄、刺漏、开裂、断脱等现象屡见不鲜，造成了人员伤亡、环境污染、设备损毁及巨大的经济损失。

在油气井设计阶段，根据腐蚀环境条件正确选用钻杆、套管及油管等管柱系统材料并开展耐蚀性模拟评价，是预防管柱腐蚀失效、保障管柱高效安全生产的最有效方法。在实际油气开采环境下，应根据油气井管柱服役腐蚀环境的变化（不同井、不同层位、不同开采阶段等）对所选管材进行相应调整。

当前井下环境介质中油气井管材材料选用的基本思路是：首先，考虑材料在具体服役条件下的环境开裂问题；其次，在明确材料环境开裂敏感性的基础上，考虑电化学腐蚀、化学腐蚀引起的均匀腐蚀及点蚀、冲蚀、缝隙腐蚀等局部腐蚀的影响；最后，综合材料的力学性能指标及其衰减规律、服役寿命要求、安全系数、经济性等因素确定拟选用的材料。

本章围绕油气井管材腐蚀概况、油气井管材用抗开裂材料选用、抗开裂材料研制情况、耐蚀性检测评价试验技术等方面的最新进展进行介绍。

4.1 油气井管材腐蚀概况

近年来，随着油气田开发工况日趋复杂，管材面临的井下环境介质腐蚀问题更加严峻，主要体现在以下两个方面：

（1）井下伴生 H_2S 和 CO_2 环境介质。随着勘探开发的深入，含 H_2S 和 CO_2 油气田数量不断增长。全球含 H_2S 和 CO_2 油气田资源量巨大，当前已发现 400 多个具有工业开发价值的含 H_2S 和 CO_2 油气田，主要分布在俄罗斯、加拿大、美国、法国、中国、中东地区等[1]。

按照我国现有含 H_2S 和 CO_2 油气井管柱服役环境介质特点，可分为三类典型工况油气井。第一类是以四川盆地和渤海湾盆地的普光、罗家寨、渡口河、赵兰庄等为代表的高含硫油气井，管柱主要采用 G-3、028、825、718、625 等镍基合金材料[2]。第二类是以塔里木盆地、鄂尔多斯盆地、松辽盆地和渤海湾盆地等为代表的高温高压含 CO_2 油气井，管柱主要采用 13Cr、S13Cr 等马氏体不锈钢材料。第三类是微量 H_2S 伴生油气井，此类工况在油气田开发过程中普遍存在，多采用抗硫油套管/钻杆等低合金钢。

在含 H_2S 和 CO_2 油气田开发中,井下管柱的主要服役风险为 H_2S 和 CO_2 造成的化学及电化学表面损伤及与其他服役条件（Cl^-、矿物盐等其他环境介质、载荷、温度、压力等）耦合作用产生的应力腐蚀开裂、腐蚀疲劳、CO_2 点蚀穿孔及均匀腐蚀减薄断裂等。管柱服役风险管控主要通过选材方法、评价技术、耐蚀材料技术、表面工程技术、安全评价与完整性技术等提供支撑。

（2）增产措施引入的高含量 O_2、CO_2、各类盐、各类酸、细菌、高分子聚合物等环境介质。注水/注气/注酸/注聚等驱油和储层改造措施作业是现代石油工业中最主要的增产措施,通过措施作业可使单井产量显著提高 30%以上。当前大排量酸化压裂、注水精细采油等增产措施工艺实施频率在油气田工程中呈显著上升趋势。

采用作业管柱开展各类增产措施改造后,通过生产管柱进行油气采收可有效延长油气井生产管柱服役寿命。为有效降低成本,且同时满足油气田苛刻的作业条件,防腐管材技术需求强烈。

增产措施条件下,管柱服役风险主要来自由 O_2、CO_2、各类盐、细菌等造成的管柱穿孔及涂镀层失效,由鲜酸、残酸等化学腐蚀造成的壁厚减薄及与其他服役条件耦合造成的应力断裂、腐蚀疲劳失效等。

一般而言,对于酸化压裂等注酸过程,多采用缓蚀剂预覆膜减缓直接化学反应对管材产生的表面损伤。对于注水/注气井管柱则多采用有机涂层、金属复合镀层等表面工程技术。

4.2　抗开裂材料的选用及评定

4.2.1　环境开裂的基本特征

在油气井环境及载荷条件下,点蚀、冲蚀、电偶腐蚀等局部腐蚀造成管材特定部位的应力集中,形成微缝隙和微裂纹。在载荷和腐蚀环境介质的持续作用下,微裂纹等缺陷持续生长、扩展及组织性能退化等造成的局部脆性断裂,称为油气井管材的环境开裂。

管材环境开裂主要包括应力腐蚀开裂、氢致开裂和腐蚀疲劳断裂等形式。其中应力腐蚀开裂是危害最大的环境开裂形式,不同材料在不同环境介质及服役条件下,应力腐蚀开裂敏感性差异较大,主要与相组织、表面状态等材料因素,介质组分、流态、温度、压力等环境介质因素,应力分布、载荷类型等应力状态因素密切相关。

油气井管材实际服役工况极为复杂,不同环境中裂纹的产生形式、形核及扩展方式差异极大,因此环境开裂机理较多,主要有阳极溶解机理、氢致开裂机理、钝化膜机理、活性通道理论、应力吸附理论、腐蚀产物楔入理论、闭塞电池理论、机械开裂理论和应力腐蚀开裂理论等[3]。

4.2.2　抗开裂材料的选材思路及基本原则

材料环境断裂敏感性及抗环境开裂材料的选用，是当前研究的热点。抗开裂材料选用的总体思路有三种方法：①依据大量验证结果形成的 ISO、美国腐蚀工程师国际协会（National Association of Corrsion Engineers，NACE）、GB 等标准中环境介质–材料推荐表选择；②依据 NACE 等标准中抗硫化物应力开裂和应力腐蚀开裂的实验室试验/模拟服役工况的小试样/全尺寸适用性评价等选择；③依据现场测试及评价现场应用技术文档与经验等选择。在实际生产实践中，上述三种方法可单独使用，但为了提高选材的效率和质量，大多数情况下需融合实施和考虑。

抗开裂材料选用基本原则[4]：①选材的最终责任在使用方（业主），而不在制造商、中间商、咨询机构或委托试验的第三方；②若使用实验室试验方法，试验环境及条件应接近现场服役实际情况，评价方法及试验条件选择的认定责任在使用方；③以现场经验为依据的选材评定，经验总结来源文件的验证时间不应少于两年；④制造商对其生产产品的质量指标符合性负责，产品质量符合性检验不应替代产品的适用性评价；⑤使用方应承担对产品使用环境和材料性能深刻认识、知识和经验积累的责任，不可通过现有标准、制造商的使用实例等手段替代和转移责任。

在实际油气井管材选材及评定过程中，由于油气井中 H_2S、CO_2、Cl^- 等环境介质，温度、压力及流体相态等环境条件及材料组织、成分等材质因素相互耦合且复杂多变。对于特定环境常出现根据标准无法满足环境限值条件或材料的经济性不佳等情况，在这种情况下，需要开展材料的适用性评价选材，在适用性评价结果的基础上，结合两年以上的现场使用情况后评价，可制定相应材料适用性评价方法。

通过模拟现场环境的适用性评价开展选材评定的方法主要包括：小试样试验评价、实物试验评价及现场试验评价等技术。

4.2.3　含 H_2S 环境下抗开裂材料的选材标准

大量实践表明，当前大量油气井中普遍存在的 H_2S 和 CO_2 等环境介质是造成油气井管材环境断裂的首要问题。其中， H_2S 环境造成的管柱脆断失效是实际油气生产中最危险的一种失效形式，也是抗开裂油气井管材材料选用过程中需要优先考虑的因素。

1. 含 H₂S 环境下的选材标准概况

当前关于含 H₂S 环境下油气工业材料选择问题，国际上已经开展了较为广泛的研究。经过大量经验总结和积累，国际标准化组织发布了《石油天然气工业-油气开采中用于含 H₂S 环境的材料》（ISO 15156），对应我国标准 GB/T 20972（表 4.1）。

表 4.1　石油天然气工业-油气开采中用于含 H₂S 环境的材料相关标准

标准号	标准名称	备注
ISO 15156-1: 2020	《石油和天然气工业-油气开采中用于含 H₂S 环境的材料——第 1 部分：抗裂材料选择的一般原则》（*Petroleum and natural gas industries—Materials for use in H₂S-containing Environments in oil and gas production—Part 1:General principles for selection of cracking-Resistant Materials Reference*）	—
ISO 15156-2: 2015	《石油和天然气工业-油气开采中用于含 H₂S 环境的材料——第 2 部分：抗开裂碳钢和低合金钢以及铸铁的使用》（*Petroleum and natural gas industries- Materials for use in H₂S-containing environments in oil and gas production - Part 2: Cracking-resistant carbon and low alloy steels, and the use of cast irons*）	—
ISO 15156-3: 2020	《石油和天然气工业-油气开采中用于含 H₂S 环境的材料——第 3 部分：抗开裂 CRAs（耐腐蚀合金）和其他合金》（*Petroleum and natural gas industries- Materials for use in H₂S containing environments in oil and gas production - Part 3: Cracking-resistant CRAs (corrosion resistant alloys) and other alloys*）	—
GB/T 20972.1—2007	《石油天然气工业 油气开采中用于含硫化氢环境的材料 第 1 部分：选择抗裂纹材料的一般原则》	等同采用 ISO 15156-1: 2001
GB/T 20972.2—2008	《石油天然气工业 油气开采中用于含硫化氢环境的材料 第 2 部分：抗开裂碳钢、低合金钢和铸铁》	修改采用 ISO 15156-2: 2003
GB/T 20972.3—2008	《石油天然气工业 油气开采中用于含硫化氢环境的材料 第 3 部分：抗开裂耐蚀合金和其他合金》	修改采用 ISO 15156-3: 2003

按照标准内容，主要分为三个部分：①选择抗裂纹材料的一般原则；②抗开裂碳钢、低合金钢和铸铁；③抗开裂耐蚀合金和其他合金。上述标准涉及的材料使用范围为钻井、完井、修井设备，油气井的井下装备、气举装备、井口、采油树，地面管线、矿场设备和矿场处理装置，水处理设备，燃气处理装置，输送管道等。

2. 碳钢及低合金钢抗开裂材料的推荐表

ISO 15156-2: 2015 标准中概括了含 H₂S 环境下影响碳钢和低合金钢性能的因素，主要有材质因素、环境与力学因素。

材质因素：化学成分、制造方法、产品规格、强度、硬度、冷加工量、热处理状态、显微组织类型、组织均匀性、晶粒尺寸和材料的纯净度。

环境与力学因素：硫化氢分压、氯离子浓度、pH、硫化物或氧化物、非油气介质流体、温度、外载、残余应力、时间。

ISO 15156-2：2015 标准中抗硫化物应力腐蚀（sulfide stress corrosion，SSC）碳钢和低合金钢的评定和选择，主要有两个途径：按照经验总结的标准条款选材和按照标准规定的实验室评价方法评定及选材。经验总结的标准条款选材方法相对笼统且保守，包括基于标准材料限制条款选材和基于服役特定酸性环境范围分区选材两种方式。

基于标准材料限制条款选材，如图 4.1 所示碳钢和低合金钢 SSC 环境严重程度分区[5]，此方式选材范围笼统，不考虑酸性环境变化范围及特殊环境。

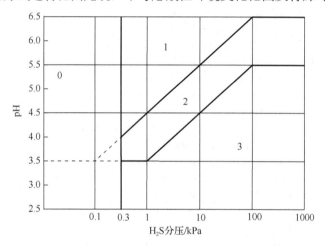

图 4.1　碳钢和低合金钢 SSC 环境严重程度分区

0：0 区；1：SSC 1 区；2：SSC 2 区；3：SSC 3 区

当硫化氢分压≤0.3kPa 时，在不考虑其他环境介质引发环境开裂的前提下，现有各标准钢级油气井管材材料一般适用于该工况环境。

当硫化氢分压＞0.3kPa 时，需要根据标准中"抗 SSC 碳钢和低合金钢级铸铁的使用"条款，对材料成分、热处理、硬度、加工方式等要求进行油气井管材材料选择，无须开展进一步 SSC 试验。

基于服役特定酸性环境范围分区选材如图 4.1 所示，对材料服役的环境按照原位 pH 和硫化氢分压分为 4 个区：

0 区：硫化氢分压＜0.3kPa 时，代表仅含有微量硫化氢，在不考虑其他环境介质引发的环境开裂前提下，现有各标准钢级油气井管材材料一般可适用于该工况环境。

1、2、3 区：其中 1 区为轻度酸性环境区，2 区为中度酸性环境区，3 区为重度酸性环境区。1 区材料按标准中用于 SSC 1 区的抗 SCC 钢相关条款选择；2 区材料按标准中用于 SSC 2 区的抗 SCC 钢相关条款选择；3 区材料按标准中抗 SSC 碳钢和低合金钢及铸铁的使用条款选择。

3. 用于 H_2S 环境的碳钢及低合金钢的实验室试验评定

对于基于服役特定酸性环境范围分区选材方式中，涉及的部分材料及不符合相关条款的材料需开展用于 H_2S 环境的碳钢和低合金钢的实验室试验评定，图 4.2 为选用合金和实验室评定方案的相关流程。酸性环境的 SSC 实验室试验如表 4.2 所示。

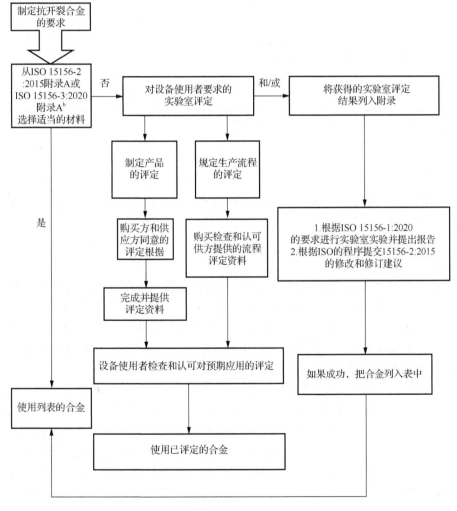

图 4.2　选用合金和实验室评定方案的相关流程

表4.2　酸性环境的 SSC 实验室试验

评定有效性	试验类型	使用应力	环境	H₂S 分压	验收准则	备注
SSC1 区 SSC2 区（图4.1）	UT	≥90% AYS	5%NaCl+0.4% CH₂COONa（用 HCl 或 NaOH 将 pH 调至要求值）	适合于预期的应用或 SSC 区域	按 NACE TM0177—2016 评定方法，无 SSC 开裂	特定的应用或不苛刻的环境。评定区域以满足要求的有效区为条件
	FPB/CR				按 NACE TM0177—2016 评定，验收准则应经证明文件认可	用于评定要由设备使用者决定并提供有正当理由的资料
	DCB	不适用				
SSC 区域（图4.1）	UT	≥80% AYS	NACE TM0177-05 A 溶液 5%NaCl+ 0.5%CH₂COONa	按照 NACE TM0177 的规定为 100kPa（15psi*）	按 NACE TM0177—2016 评定，无 SSC 开裂	用于评定要由设备使用者决定并提供有正当理由的资料
	FPB/CR				按 NACE TM0177—2016 评定，验收准则应经证明文件认可	
	DCB	不适用				

注：UT 表示单轴拉伸；FPB 表示四点弯曲；CR 表示 C 型环；DCB 表示双悬臂梁；AYS 表示材料实际屈服强度；
* 1psi=6.895kPa。

4. 耐蚀合金及其他抗开裂材料的推荐表

ISO 15156-3：2020 标准中概括了在含 H₂S 环境下影响碳钢和低合金钢性能的因素主要有材质因素、环境与力学因素。

材质因素：化学成分、强度、热处理状态、显微组织、制造方法和材料的最终状态。

环境与力学因素：硫化氢分压、Cl⁻ 或其他卤化物浓度、原位 pH、硫化物或氧化物、材料抗点蚀性能、电偶影响、温度、外载及残余应力、暴露时间。

ISO 15156-3：2020 标准中选材方式主要有：按"抗环境开裂耐蚀合金和其他合金"中的推荐表经验选择和按"用于 H₂S 环境的耐蚀合金的实验室试验评定"条款规定要求进行选材评定。

"抗环境开裂耐蚀合金和其他合金"中的推荐表是不锈钢、耐蚀合金及其他合金等油气井管材材料选择中的重要指南，如满足表中限定条件即可认为材料符合标准；如材料环境开裂敏感性低，可不再进行 SSC、SCC 等标准开裂评定试验。

ISO 15156-3：2020 标准中推荐表涉及的材料，按材料类别主要有奥氏体不锈钢、高合金奥氏体不锈钢、固溶镍基合金、铁素体不锈钢、马氏体不锈钢、双相不锈钢、沉淀硬化不锈钢、沉淀硬化镍基合金、钴基合金、钛合金、钽合金、铜合金和铝合金。

5. 耐蚀合金的实验室试验评定

对于按 ISO 15156-3：2020 标准中用于 H₂S 环境的耐蚀合金的实验室试验评定条款规定，进行耐蚀合金实验室试验评定选材的方式，需按类别考虑不同材料的开裂机理，表 4.3 为对耐蚀合金和其他合金类别应考虑的开裂机理，针对性高效开展 SSC、SCC 等标准试验评价。

表 4.3　对耐蚀合金和其他合金类别应考虑的开裂机理

材料类别	在 H₂S 环境中潜在的开裂机理			备注
	SSC	SCC	GHSC	
奥氏体不锈钢	S	P	S	某些冷加工的合金，因含有马氏体所以对 SSC 和/或 GHSC 敏感
高合金奥氏体不锈钢	—	P	S	这些合金通常不受 SSC 和 GHSC 影响。通常不要求低温开裂试验
固溶镍基合金	S	P	—	冷加工状态和/或时效状态的某些镍基合金含有次生相，而且当与钢形成电偶时，可能对 GHSC 敏感。这些合金在很强的冷加工和充分时效的状态下，与钢耦合时，可能产生 GHSC
铁素体不锈钢	P	—	P	
马氏体不锈钢	P	S	P	不管是否含有残余的奥氏体，含 Ni 和 Mo 的合金都可能遭受 SCC
双相不锈钢	S	P	S	当温度低于最高的使用和试验温度时，开裂敏感性可能最高，因此应考虑超过任一温度的范围
沉淀硬化不锈钢	P	P	P	
沉淀硬化镍基合金	S	P	P	冷加工状态和/或时效状态的某些镍基合金含有次生相，而且当与钢形成电偶时，可能对 GHSC 敏感
钴基合金	S	P	P	
钛和钽		—		开裂的机理随具体的合金而定。设备使用者应确保用适当的试验进行评定
铜和铝		—		不清楚这些合金是否会遭受这些开裂机理的损害

注：GHSC 表示电偶诱发的氢应力开裂（hydrogen stress cracking induced by galvanic couple，GHSC）；S 表示次要的、可能的开裂机理；P 表示主要的开裂机理。

4.2.4　含 H₂S 环境下抗开裂材料的评定试验

含 H₂S 环境下抗开裂材料的标准评定试验主要包括含硫环境下的 HIC 评定试验和 SSCC 评定试验等。

1. HIC 评定试验

HIC 评定试验是含 H₂S 环境下抗开裂材料的实验室评定的重要内容，当前主要采用《管道压力容器抗氢致开裂钢性能评价的试验方法》（NACE TM0284—2016）标准评定。

该评定标准中通过对管材样品取样，在相应的 NACE 标准溶液中或者被考察气田采出水的 H_2S 饱和溶液中，于室温下浸泡一定时间后，利用金相显微镜等对试样表面断面裂纹情况进行评价，主要通过式（4.1）～式（4.3）计算。

$$CSR = \frac{\sum(a \times b)}{W \times T} \times 100\%$$ （4.1）

$$CLR = \frac{\sum a}{W} \times 100\%$$ （4.2）

$$CTR = \frac{\sum b}{W} \times 100\%$$ （4.3）

式中，a 为裂纹长度（mm）；b 为裂纹厚度（mm）；W 为截面宽度（mm）；T 为试样厚度（mm）。裂纹敏感率（crack sensitivity ratio，CSR）、裂纹长度率（crack length ratio，CLR）、裂纹厚度率（crack thickness ratio，CTR）等指标用于评定材料的抗 HIC 能力，裂纹长度和厚度可按图 4.3 进行确定。其中 CSR 指标是评定材料抗氢致开裂性能的最主要依据，该指标既反映了被测材料在横向宽度方向产生 HIC 的情况，同时又体现了在轧制方向抵抗 HIC 的能力。材料的 CSR 越大，就表示对 HIC 越敏感，反之，这个值接近或等于零，则材料抗 HIC 能力就强。

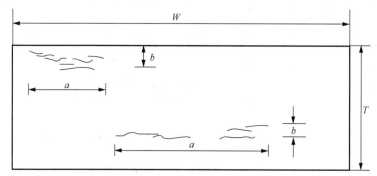

图 4.3　HIC 评估裂纹长度和厚度

2. SSCC 的评定试验

油气井管材的 SSCC 评定试验是含硫环境下选材评定过程中最为重要的一项内容，当前实验室评价主要依据《H_2S 环境中抗特殊形式的环境开裂材料的实验室试验方法》（NACE TM0177—2016）、《金属和合金的腐蚀-应力腐蚀试验》（ISO 7539-2：1989）等标准评定。主要方法可分为：单轴拉伸法（方法 A）、弯曲法（方法 B）、C 环法（方法 C）、双悬臂梁法（方法 D）及慢应变速率拉伸（slow strain rate test，SSRT）法[6]。

对于涉及的试验方法，试样表面状态主要有光滑试样、带缺口试样和预制裂纹试样三种类型，试样载荷加载形式主要有恒位移、恒载荷和慢应变速率三种方式。

方法 A 主要用于评价材料在轴向拉伸载荷下的抗环境开裂能力，是评定材料抗硫化物应力腐蚀开裂性能最基本的方法,应用最为普遍。由于方法 A 试验过程中载荷恒定,且一般加载较高(80%σ$_s$,σ$_s$ 为屈服强度),在试验过程中样品受介质影响发生腐蚀减薄及裂纹等损伤后截面积减小,使得其截面应力水平不断提高,同时试验周期一般为 720h,是最为苛刻和可靠的 SSCC 试验评定方法。

　　方法 B 主要有三点弯曲和四点弯曲两种加载形式,将三点弯曲或四点弯曲加载的试样置于含 H$_2$S 腐蚀溶液中试验 720h,是材料抗 SSCC 性能评定的方法。该法应用较广,由于周期长,目前各大生产厂家都对其进行了改造。

　　方法 C 是一种恒变形试验方法,一般利用卡具或螺栓固定试样的变形以加载应力。该方法简便、经济、试样紧凑,适合在有限空间的容器内进行成批试验。主要缺点是应力状态不明确、裂纹产生后会引起应力松弛,试验数据分散性大。

　　方法 D 是一种带缺口和预制裂纹的试验方法,相比光滑试样,具有试验周期短、缺口和裂纹能够真实模拟实际损伤、试验结果与工程相匹配、试验结果可定量描述等优点。该方法基于线弹性断裂力学理论,要求试样处于平面应变状态,即满足小范围屈服条件,对于大多数中低强度钢而言,无法在现有设备能力范围内满足试样尺寸要求。在试验过程中,裂纹易分叉,蠕变等导致的裂纹尖端应力场强度下降,存在评定结果比实际服役性能估计过高的问题。

　　SSRT 法是以缓慢的应变速率给处于腐蚀介质中的试样施加载荷,以评定材料的应力腐蚀敏感性。该方法试验周期短、效率高。该方法中试验应变速率的选择是决定成败的关键参数,需通过大量测试获得。测试设备相对复杂,费用较高,且不能开展高温高压环境试验。由于无可接受的验收准则,该方法不适合作为材料验收的评定方法,当前仅可用于材料选材,常见应力腐蚀评价方法对比如表 4.4 所示。

表 4.4　常见应力腐蚀评价方法对比

评价方法	评价指标	优点	缺点	工程应用
恒位移法	① 断裂时间 ② da/dt ③ K_{Iscc}	装置简单、试样紧凑、可自加载、操作方便、可研究裂纹扩展动力学参数	试验周期长,数据离散性大;对预制裂纹试样有平面应变要求,应力松弛导致结果偏高	敏感性筛查 敏感性评级 合格性验收
恒载荷法	① 断裂时间 ② 极限应力 ③ 抗拉强度、断后伸长率	初始应力明确、可获得临界应力、与实际工况相符	一旦裂纹萌生,试样会快速断裂,不能得到裂纹扩展信息	敏感性筛查 敏感性评级 合格性验收
慢应变速率法	① 断裂时间 ② 抗拉强度、断后伸长率、冲击吸收能量 ③ 断口形貌	试验周期短、可定量描述应力腐蚀敏感性	应变速率对结果显著影响,不能获得裂纹萌生信息	敏感性快速筛查

4.2.5　主要油气井管材制造厂的选材推荐图版

　　各油气井管材制造厂家依据各自产品的实验室评价特性及在各油气田使用积

累的经验，提出了自己的选材推荐图版，可供使用方在选材时参考。其中具有代表性的公司有日本的住友金属（图 4.4）、日本新日铁（图 4.5）、法国的 V&M（图 4.6）及我国的宝钢（图 4.7）等。

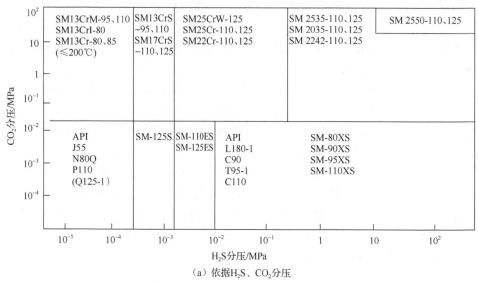

（a）依据H_2S、CO_2分压

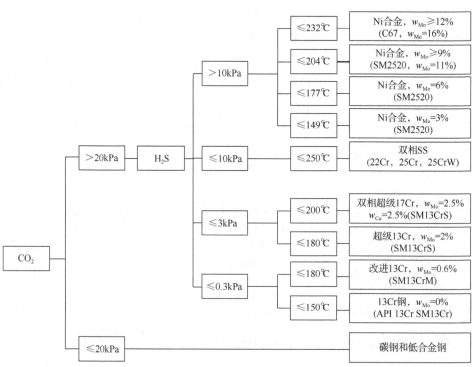

（b）依据CO_2分压和使用温度

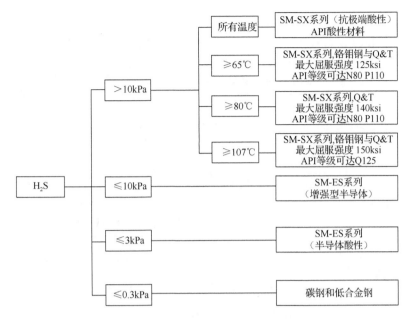

（c）依据H_2S分压和使用温度

图 4.4　日本住友金属油套管选材图版[7]

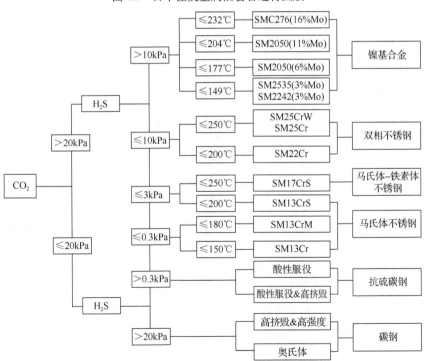

图 4.5　日本新日铁选材图版[8]

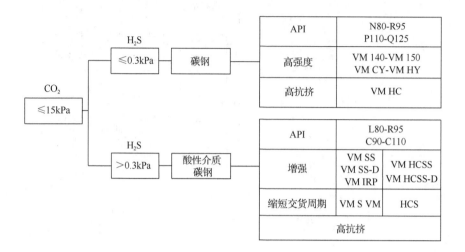

（a）依据CO_2、H_2S分压的碳钢和低合金钢选材

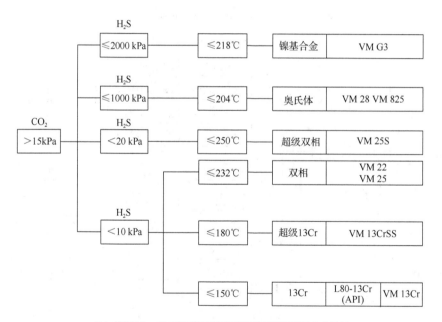

（b）依据CO_2、H_2S分压使用温度的高合金钢及耐蚀合金选材

图 4.6　法国的 V&M 选材图版[9]

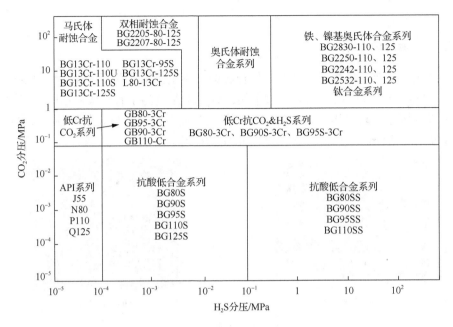

图 4.7 宝钢耐腐蚀油套管产品选材图版[10]

BG2205、BG2507 及镍基合金系列可供选择强度级别包括 110ksi 及 125ksi；

针对 H_2S、CO_2 含量均较高的工况环境，建议进行对选材评价试验后确定具体选材方案

4.3 抗硫低合金钢、不锈钢及耐蚀合金

油气井管材选材与新材料的研制与应用，其目的是保障油气田勘探开发中管柱系统的高效和安全，选材与材料研制是相互促进的关系，即选材技术的发展为新材料研制过程提供了更加精准的关键性能指标需求，新材料的研制为选材过程提供了更多适用的材料来源。

以抗硫低合金钢及耐蚀合金等材料为代表的新材料技术发展与创新，在满足油气井管材强韧性需求的同时，提供了更多具备不同耐蚀性能的新材料供油气田开发选择，扩大了耐蚀材料的选择范围，有效提高了管柱服役安全水平，促进了油气田勘探开发向着更加高效的方向发展。

鉴于油气管材实际服役腐蚀环境非常复杂，涉及管材材料种类众多，按照当前复杂工况油气井中腐蚀介质特点，可主要分为抗硫（硫及硫化物环境开裂）低合金钢、抗 CO_2 低 Cr 合金钢、抗 CO_2 不锈钢、抗极端环境开裂及腐蚀镍基和铁镍基合金等。

4.3.1　抗硫低合金钢

抗硫（硫及硫化物环境开裂）低合金钢一般是指用于井下环境介质 H_2S 分压大于 0.3kPa 的材料。抗硫低合金钢最初的设计思路是为了有效解决法国、俄罗斯、加拿大等国家含硫气田开发中的硫化物环境开裂造成的管材脆断问题。图 4.8 为 H_2S 导致的钻杆管体和接头发生 SCC 的实物照片。

（a）钻杆管体　　　　　　　　　　　　　（b）钻杆接头

图 4.8　H_2S 导致的钻杆管体和接头 SCC

1. 国外发展概况

20 世纪 50～80 年代，法国、日本等国家研究开发了 80～95ksi 强度等级的抗硫管材[1]。如法国在拉克气田开发初期，研制并使用了三种含 Cr 的合金钢材料：ASP10M4（C-0.12%,Mn-0.5%,Cr-2.2%,Mo-0.3%,Si-0.3%,V-0.07%）、2.2FOV（C-0.17%,Mn-0.45%,Cr-2.5%,Si-0.3%,V-0.25%），MOVP(C-0.1%,Mn-0.5%,Cr-2.5%,Si-0.3%,V-0.5%)。日本住友金属和日本钢管公司研制了 SM80S～90SS、NK-AC85S～95S 管材。德国 V&M、美国钢铁等也分别推出了 Soo90～95、Rs-90 等抗硫管材。该时期的重要工作是对 H40～Q125 等 API 标准钢级材料开展系统的抗 SCC 性能评价，并对含硫环境下的开裂问题进行大量研究，提出氢脆开裂等相关理论[11-14]。

20 世纪 90 年代至 2000 年初，国外在大量抗硫材料应用经验总结基础上，采用 Cr-Mo 低合金钢等材料体系，通过热机械控制工艺、微合金化、控制杂质元素含量、热处理优化等工艺，研制开发并规模化应用了 95～105ksi 钢级的抗硫低合金钢材料，实验室开发了 110ksi 钢级抗硫材料[日本新日铁：C-0.22%,Si-0.09%,Mn-0.29%,P-0.005%,S-0.001%,Cr-0.54%,Mo-0.75%,Nb-0.035%,Ti-0.018%,B-0.0008%（质量分数）[15]]，明确了对应材料的工艺控制关键参数，为当前大量在用的抗硫低合金钢的工艺优化奠定了理论基础。例如，1996 年法国瓦卢瑞克开发的 DP95、DP105 抗硫钻杆管体和接头，其材料成分与热处理工艺分别如表 4.5、表 4.6 所示[16]。在遭遇使用 G105 钻杆导致的含硫井管柱环境断裂失效事故后，1993 年格兰特开发的 TSS95 抗硫钻杆材料在中东及加拿大地区广泛使用，1998 年又开发出

XD105 抗硫钻杆材料并在苏联 Tengiz 油田、墨西哥湾及加拿大等地区使用[17]。此阶段，日本住友金属、NKK 等公司通过大量研究，开发的 SM95S（C-0.26%,Si-0.28%,Mn-0.5%,P-0.015%,S-0.003%,Cr-0.95%,Mo-0.26%,V-0.02%,Ti-0.05%）、NK-AC95S（C-0.26%,Si-0.28%,Mn-0.64%,P-0.01%,S-0.003%,Cr-0.94%,Mo-0.2%,V-0.02%,Ti-0.04%）、NT95SS（C-0.26%,Si-0.12%,Mn-0.56%,P-0.01%,S-0.003%,Cr-0.47%,Mo-0.29%,V-0.02%,Ti-0.04%）等抗硫低合金钢在国际市场上受到广泛认可[18]。

表 4.5　DP95 和 DP105 抗硫钻杆管体和接头成分

种类	部位	质量分数/%										
		C	Si	Mn	P	S	Cr	Ni	Mo	Ti	Nb	B
DP95	管体	0.21	0.25	1.30	0.01	0.005	0.44	0.12	0.22	0.05	0.002	0.002
	接头	0.38	0.22	0.88	0.009	0.005	0.96	0.11	0.26	0.003	0.001	—
DP105	管体	0.25	0.19	0.56	0.009	0.002	0.82	0.06	0.51	0.015	0.025	0.002
	接头	0.37	0.22	0.87	0.009	0.005	0.95	0.11	0.25	0.003	0.001	—

表 4.6　DP95 和 DP105 抗硫钻杆的热处理工艺

部位	管体	接头	焊缝	热影响区+焊缝
类型	热处理	热处理	轴向压力	热处理
DP95	水淬+660℃回火	670℃回火	6700 Pa	奥氏体化 960℃+700℃回火
DP105	水淬+690℃回火	640℃回火	8600 Pa	奥氏体化 960℃+700℃回火

Tsukano 等[15]在研究 110SS 抗硫钻杆材料期间，提出了表征钻杆 SSC 临界断裂强度与 Mo、P 质量分数关系的参数 A，并定义 $A=w_{Mo}+4.3w_P+17.0w_{Mo}\times w_P$，发现随 Mo 和 P 元素含量升高，材料的 SSC 临界断裂强度下降，如图 4.9 所示。

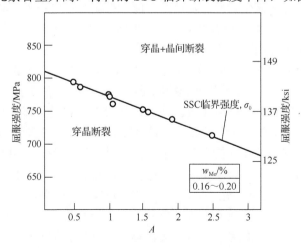

图 4.9　钻杆 SSC 临界断裂强度与 Mo、P 含量的关系

　　法国瓦卢瑞克公司对低合金钢进行优化设计,管体材料在 4130 合金钢基础上加 B 以提高淬透性和组织力学均质性,并通过熔体净化保证极低的 S、P 含量。接头采用 4145H Cr-Mo 低合金钢,稍高的碳含量保证淬透性并可得到全马氏体组织,提高 Mo 含量改善抗 SCC,添加 V 元素微合金化,可以严格控制 P、S 含量。制造工艺采用电炉熔炼、连续铸造、热轧张力减径、管体两端镦粗后水淬加回火、接头锻造调质,于 2002 年开发出 110ksi 抗硫钻杆材料,其化学成分如表 4.7 所示[19]。

表 4.7　法国瓦卢瑞克公司 110ksi 抗硫钻杆材料化学成分

部位	质量分数/%													
	C	Si	Mn	P	S	Cr	Ni	Mo	Cu	Al	Ti	V	Nb	B
管体	0.23	0.20	0.49	0.01	0.002	0.85	0.08	0.27	0.09	0.10	0.01	0.002	0.02	0.002
接头	0.36	0.23	0.77	0.008	0.003	1.29	0.05	0.59	0.06	0.02	0.01	0.10	—	—

　　2004 年至今,随着国际标准化组织及加拿大钻完井委员会等陆续颁布了 ISO 15546—2011、IRP1—2008、IRP6—2004 等含硫环境管材材料标准,抗硫低合金钢的设计与优化获得空前发展。总结起来,2004 年以前,国际标准的缺失,导致了抗硫材料的选材复杂和困难,给油气田企业造成了巨大损失。2004 年后,通过对标 IRP1—2008、IRP6—2004 等标准,各制造厂采用了化学成分优化、杂质控制、冶炼纯净化、组织控制、轧制控制、热处理控制、均质性控制、焊接工艺控制等方法和技术,显著提高了抗硫材料的钢级和适用范围。

　　在总结大量研究经验基础上,瓦卢瑞克公司基于控制硬度、组织细化、提高淬透性、提高回火温度等改善抗 SCC 性能的考虑,在 AISI 4130 改进型材料基础上,设计了 Mn-Cr-Mo 系低合金钢。利用 V、Nb 微合金化、提高回火温度、提升碳化物均匀性、降低碳化物尺寸及位错密度,控制晶粒度在 6 级以下等方法,初步形成了中度酸性环境下(ISO 15156-2:2015 中 2 区)120ksi 抗硫钢,并在北海含硫气井中获得了应用[20]。

　　美国格兰特公司 Hehn 等[21]通过研究发现,在 4130 低合金钢基础上控制 Mo、Mn 含量、降低 P、S 含量及热处理控制是决定材料在酸性环境下抗 SCC 性能的关键因素。Mo 能够提高材料淬透性并促进获得更多的马氏体组织,降低或者消除回火脆性,但过量的 Mo 含量会导致硬度过高而影响抗 SCC 性能,在当前钢铁材料制备纯净化与组织控制技术条件下,无须过多添加 Mo 即可获得含量较高的马氏体组织。Mn 元素可提高淬透性,但会造成带状组织及偏析,导致局部硬度过高而降低抗 SCC 性能。基于此思路,美国国民油井公司在其第一代(TSS95)、第二代(XD105)材料基础上,通过合金元素成分调整,开发出满足 IRP 标准的 SS 和 SU 系列第三代抗硫钻杆材料。美国格兰特(国民油井公司)开发的第一至三代不同钻杆材料的成分与性能要求如表 4.8 所示。

表 4.8　格兰特开发的第一至三代不同钻杆材料的成分与性能要求表

项目	产品名称	质量分数/%				晶粒度 [a]	屈服强度最小值/最大值/ksi	强度极限最小值/最大值/ksi	SSC 阈值/% SMYS [b]	最大硬度/HRC [c]	最小夏比/ft[*]-lbs [d]
		P 最大值	S 最大值	Cr 最小值	Mo 最小值						
标准抗硫管性能	产品 A	0.015	0.008	1.000	0.400	<5	95/110	105/ N/A	85	26	100[e]
	产品 B	0.015	0.008	1.000	0.400	<5	105/120	115/ N/A	70	30	40[e]
	产品 C	0.015	0.010	0.800	0.240	N/A	105/120	115/ N/A	—	30	40[e]
IRP SS 管体性能	SS-75	0.015	0.010	N/A	N/A	<6	75/95	95/115	85	22	50[f]
	SS-95	0.015	0.010	0.900	0.300	<6	95/110	105/130	85	25	59[f]
	SS-105	0.015	0.010	0.900	0.300	<6	105/120	115/140	85	27	59[f]
IRP SU 管体性能	SU-75	0.015	0.007	N/A	N/A	<8	75/90	90/110	95	20	74[f]
	SU-95	0.015	0.008	0.900	0.400	<8	95/110	105/130	95	24	81[f]
钻杆制造商的接头性能	API TJ [g]	N/A	N/A	N/A	N/A	N/A	120/ N/A	140/ N/A	—	最小值 285 BHN [h]	N/A
	GP API TJ	0.015	0.008	0.900	0.280	N/A	120/ N/A	140/ N/A	—	36	40[e]
	产品 B TJ	0.015	0.008	0.900	0.280	N/A	105/120	115/ N/A	—	36	40[e]
IRP SS 接头性能	SS-110TJ	0.015	0.010	0.700	0.400	<6	110/125	125/145	65	30	66[e]
IRP SU 接头性能	SU-105TJ	0.015	0.007	0.900	0.450	<8	105/120	115/140	80	28	88[e]
	SU-110TJ	0.015	0.007	0.900	0.450	<8	110/120	120/145	80	28	88[e]

注：a 表示符合 ASTM E112-96 标准；b 表示指定最小屈服强度水平，NACE TM0177（持续修订），方法 A 使用测试溶液 A；c 表示三个单点读数的最大平均值；d 表示三个 LCVN（纵向冲击功）读数的最小平均值；e 表示 3/4 尺寸的试样在室温下测试；f 表示在室温下测试全尺寸试样；g 表示所列产品没有使用最低 API 钻杆接头连接要求，仅供比较；h 表示布氏硬度值（Brinell hardness number，BHN）；N/A 表示不运用；* 1ft≈0.305m。

在不断优化合金成分及制造工艺基础上，美国格兰特（国民油井公司）在 2016 年提出了基于 4130 改进型的含 0.5%～0.9%（质量分数）Mo 和 0.5%～0.9%（质量分数）Mn 的新材料体系。开发出用于苛刻酸性环境的（ISO 15156-2：2015 中 2 区）125ksi 抗硫钻杆材料，并初步提出了 IRP 1.8 中 125ksi 抗硫钻杆的技术提案。

材料冶金质量对于抗硫钻杆材料性能提升十分关键，俄罗斯管材冶金股份有限公司（TMK）创新研制了 TruStir+Hybrid 熔炼技术[22]。通过对管材的熔体进行净化，显著降低了大尺寸夹杂物数量，并采用两次调质及精确控温等方法，显著缩小了材料硬度分布窗口，设计开发了自动硬度检测与控制系统，提升了质量控制的效率和精度。

2. 国内技术发展

除法国、加拿大、俄罗斯等国外，我国四川地区含硫油气井较多，对于抗硫低合金钢的需求较为强烈，我国抗硫低合金钢的研制及应用可分为四个发展阶段。

第一阶段：1993 年以前，初步仿制阶段。受技术发展水平及装备等限制，我国抗硫低合金钢方面相关研究落后于国外，抗硫产品基本以进口为主，国内相关研究以仿制 40ksi、55ksi、80ksi 等低钢级材料为主。国内鞍钢、攀成钢等自 20 世纪 70 年代投入科研力量研发防硫材料和缓释剂等防腐工艺。1977 年，鞍钢研制了 55ksi 级抗硫油管材料，并实现了现场应用[23]。1980 年，攀成钢通过仿制日本 SM95S，设计了 25CrMoTi 材料，试制出 80ksi 级套管[24]。1992 年，攀钢研制的 90SS 抗硫套管在四川地区实现了苛刻工况的首次现场试验[25]。

第二阶段：1993~2003 年，仿制与批量化应用阶段。该阶段，国内制造企业、科研院所、油气田企业等通过联合攻关，规模化试制出 90SS、95S 等高强度抗硫低合金钢，并在油气田现场进行一定规格和钢级产品的下井应用。1993 年，宝钢开始研发 Cr-Mo、Mn-Mo 两个合金体系的 105ksi 抗硫钻杆材料，钻杆材料的化学成分、性能及组织如表 4.9 所示[26]。1996 年，宝钢研制了 28CrMoTiB 材料用于抗硫油管[27]。1997 年，天钢研制的 T95 高强度抗硫套管在四川地区获得现场应用[28]。

表 4.9　钻杆材料的化学成分、性能及组织

编号	钢种	质量分数/%						拉伸性能/MPa		金相组织
		C	Si	Mn	S、P	Cr	Mo	σ_s	σ_b	
1	Cr-Mo	0.31/0.36	0.24/0.26	0.68/0.72	≤0.020	1.02/1.10	0.18/0.20	830	945	回火
2	Mn-Mo	0.24/0.29	0.18/0.27	1.52/1.58	≤0.030	0.28/0.30	0.32/0.34	810	890	索氏体
	API 要求	—	—	—	≤0.030	0.24/0.29	—	924/931	>793	—

注：表中"/"左右分别为最小值和最大值。

2001 年，宝钢陆续开发并应用了 T95、C90、80SS、BGM65（22MnCrTiCa）等抗硫油管材料，并从合金材料的强韧性和抗 SCC 性能等方面获得了较为深入的认识。由于 Mo、V、Nb、Ti 等强碳化物形成元素与 H 的结合能较高，可提高抗硫化氢腐蚀开裂性能[29]。高温回火后，材料中弥散分布的 Mo_2C、VC、NbC、TiC、Cr_2C 等各类型碳化物可固定扩散 H，防止氢的晶界偏聚。P、S、O 等有害元素给氢的扩散提供了通道，降低了材料抗硫化氢应力腐蚀性能，因此必须严格控制。

2002 年，天钢通过运用纯净钢冶炼、夹杂物变性、热处理工艺优化、二次定径、热矫直、去应力处理等技术，先后开发了满足抗硫性能要求的 TP90S、TP90SS、TP95S 等套管材料。通过大量实验提出，均匀的回火马氏体组织对于提高抗硫性能有利，珠光体其次，而淬火后形成的马氏体和贝氏体抗硫效果较差[30]。

　　第三阶段：2004~2014 年，规模化开发与成熟应用阶段。随着国内油气资源勘探开发力度的加大，以及装备制造业产业升级和技术进步，我国在抗硫低合金钢研究方面取得了突破性进展。国内宝钢、天钢、衡钢、渤海能克等公司陆续开发出 95S（Sol.A-0.8SMYS）、95SS（Sol.A-0.85SMYS）、110S（Sol.A-0.8SMYS）、110SS（Sol.A-0.85SMYS）等抗硫油套管材料，及 105SS（Sol.A-0.85SMYS）等抗硫钻杆材料，相关产品在我国四川、新疆等地区高含硫气田开发中获得规模化开发和成熟应用[31-34]。该阶段我国已完全实现抗硫低合金钢油井管产品的国产化，在部分产品的生产技术方面处于世界先进水平，并实现了出口。表 4.10 为第九版 API-5CT 化学成分要求及国内外各工厂对抗硫管材的成分控制要求[35]。

表 4.10　第九版 API-5CT 化学成分要求及国内外各工厂对抗硫管材的成分控制要求

标准/工厂	钢级	质量分数/%								
		C	Mn	Mo	Cr	Ni	Cu	P	S	Si
		最大值	最大值	最小值~最大值	最小值~最大值	最大值	最大值	最大值	最大值	最大值
5CT	C110	0.35	1.2	0.25~1.0	0.4~1.5	0.99	—	0.020	0.005	—
Tenaris（意大利）	TN110SS	0.35	0.7	0~0.85	0~1.2	—	—	0.020	0.003	0.35
JFE（日）	JFE110SS	0.50	1.0	0~1.1	0~1.6	0.2	0.3	0.020	0.010	0.35
住友金属（日）	SMC110	0.35	1.0	0.5~1.0	0.1~1.0	—	—	0.020	0.010	0.50
宝钢（中）	BG110SS	0.35	1.2	0.05~1.2	0.05~1.6	—	—	0.015	0.005	0.50
天钢（中）	TP110SS	0.35	1.2	0.25~1.0	0.4~1.5	0.25	0.20	0.020	0.005	0.45

　　图 4.10 为宝钢和天钢开发的 110S 钢级抗硫钻钢的显微组织，均为细小的回火索氏体。

（a）天钢110S钻杆材料　　　　　　　　（b）宝钢110S钻杆材料

图 4.10　宝钢和天钢 110S 抗硫钻杆的显微组织

　　工程材料研究院创新研制了 105ksi 钢级的抗硫钻杆，揭示了钻杆微观组织与硫化氢应力腐蚀开裂敏感性,发现板条铁素体+条状渗碳体组织的高强度钻杆表现出最高的 SSCC 敏感性及腐蚀疲劳敏感性，混合组织的中强度钻杆表现出最高的腐蚀疲劳裂纹扩展抗力[36]。105ksi 抗硫钻杆的透射电镜显微组织如图 4.11 所示。

（a）等轴铁素体+粒状渗碳体

（b）板条铁素体+条状渗碳体

（c）混合型组织

图 4.11　105ksi 抗硫钻杆的透射电镜显微组织[36]

　　第四阶段：2015 年至今，自主创新阶段。近年来，在大量抗硫低合金钢研究积累和理论认识基础上，宝钢等生产企业已研发出 120SS（Sol.A-0.8SMYS）、125SS（Sol.B-0.8SMYS）等高钢级抗硫低合金钢材料，并正在国内部分超深含硫油气井进行现场试验[10]。工程材料研究院在加拿大 IRP 工业推荐做法基础上研究并形成了 SY/T 6857.1—2012 标准，相关提案在修订和发布的新版 ISO 11961—2018 标准中被采纳，涵盖了两个新钢级。

4.3.2　抗 CO_2 腐蚀不锈钢

　　不锈钢材料类型多样，按组织类型可分为铁素体不锈钢、奥氏体不锈钢、马氏体不锈钢、奥氏体-铁素体双相不锈钢及沉淀硬化不锈钢等。当前大量用于油气井管材的抗 CO_2 腐蚀不锈钢材料按照其合金体系、碳含量及组织等，可分为马氏体不锈钢、超级马氏体不锈钢和双相不锈钢等。

不锈钢合金体系主要元素类型有 C、Cr、Mo、Mn、Ni、Cu、W、Si 等主合金元素，Nb、V、Ti、B 等微合金元素及 P、S 等杂质元素。

C 在不锈钢中的主要作用主要表现在两个方面，一方面是作为稳定奥氏体的元素，以间隙原子形式存在于过饱和固溶体中，起到固溶强化作用，显著提高不锈钢强度；另一方面与 Cr、Mo 等元素强烈作用，形成各类型碳化物。

Cr 是决定不锈钢耐蚀性的元素，其稳定奥氏体能力仅次于 C、Mn 和 Mo，并可提高回火稳定性。在耐蚀性方面其主要作用表现在形成致密的氧化物膜，阻止基体发生电化学和化学腐蚀；提高基体的电极电位，显著降低腐蚀电流密度；提高基体的抗极化能力，使钝化区扩大，腐蚀电流降低。

Mo 是奥氏体稳定元素，可增加淬透性。Mo 与 C、Fe 可形成复合渗碳体，在高温回火过程中形成的沉淀碳化物弥散细小，并有二次硬化效果，使不锈钢的强韧性显著提高。Mo 和 Cr 的复合作用可提高不锈钢的钝化能力，从而进一步提高材料的耐蚀性能。

Ni 是奥氏体形成元素，但多与 Cr 共同作用。Ni 的添加可扩大合金中 Cr 元素的溶解度，使得低碳不锈钢可通过增加 Cr 含量提高材料的耐蚀性和强度水平。Ni 可降低材料中高温铁素体的体积分数，提高材料的抗 SCC 性能。此外，Ni 对于提高钢的淬透性、马氏体回火稳定性和钝化能力均有显著作用。

Cu 在钢中主要起沉淀硬化和固溶强化作用，此外，与 Ni 元素的复合添加可形成非晶态的表面膜，能有效提高耐蚀性。

1. 马氏体不锈钢

与碳钢、低 Cr 合金钢相比，含 13%（质量分数）Cr 的马氏体不锈钢（AISI 420 合金或 API-13Cr）可显著提高材料在高温下的耐 CO_2 腐蚀性能，与双相不锈钢及镍基耐蚀合金相比具有良好的经济性，因此自 20 世纪 80 年代起，被用于大量富含 CO_2 腐蚀介质的油气井开发中。1980～1993 年，API-13Cr 商业化使用量达 240 万 $m^{[37]}$。

早期应用于油气井领域的马氏体不锈钢材料体系主要有 AISI 410 和 420，其中 AISI 410 合金主要用于井口阀门和采油树等钻采装备，与 AISI 410 合金相比，AISI 420 合金马氏体组织更加均匀，高温铁素体较少，因此抗 SCC 性能更加优异。

为了满足油气井管材的性能需求，日本川崎制铁公司的 Kurahashi 等[38]在 AISI 420 合金成分基础上，通过降低 P、S 含量，加入 Ni、Cu 等元素的设计思路，形成了现有 API L80-13Cr 马氏体不锈钢的合金体系框架。API L80-13Cr 的室温组织主要为板条状回火马氏体和碳化物，如图 4.12 所示。表面膜层主要为多晶态的 Cr_2O_3。与大量使用低合金钢和缓蚀剂相比较，马氏体不锈钢可显著降低综合使用成本，API-13Cr 材料在 600℃以上高温回火后，在含 3.5%NaCl 的 CO_2 环境下发生 SCC 的风险较小，其使用温度极限可达 150℃。API-13Cr 材料的抗 SSC 性能低于抗硫低合金钢，仅适用于 H_2S 分压<0.7Pa 的环境，研究指出其在含 H_2S 环境下的断裂机制主要为氢致开裂而非阳极溶解，相关材料因素主要与其表面膜状态、板条状马氏体应力状态、碳化物弥散度等造成的晶间开裂密切相关。

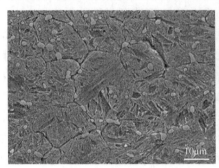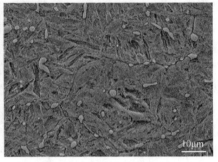

（a）250℃回火后的SEM形貌　　　　　　　　　（b）500℃回火后的SEM形貌

图 4.12　API L80-13Cr 合金经不同温度回火后的 SEM 形貌[39]

日本住友金属的 Ikeda 等[40]研究认为，API-13Cr 在 120℃ 以下的含 H_2O-CO_2-H_2S 环境中 SSC 敏感性非常强，对于 HRC≤24 的材料其 H_2S 分压环境限值为 0.3Pa。V&M 的 Linne 等[41]通过研究进一步指出，API-13Cr 材料适用于 150℃以下，NaCl 的浓度低于 4%的高含 CO_2 油气环境。在此环境范围之外，马氏体不锈钢点蚀较为严重，抗全面腐蚀能力甚至低于低合金钢。Fierro 等[42]通过对 420 合金在 CO_2、H_2S、Cl^- 共存环境下马氏体不锈钢的腐蚀产物膜进行 X 射线光电子能谱（X-ray photoelectron spectroscopy，XPS）分析研究认为，材料的全面腐蚀行为及环境开裂与其在不同介质条件下生成的膜层关系密切，促进材料表面形成一种由较多富氧铬化物和少量铁的氧化物及硫化物构成致密的保护性膜层，而 H_2S 的存在更趋向于生成一种由铁的硫化物和氧化物构成的较为疏松的非保护性膜层。Ozaki 等[43]通过慢拉伸试验发现，在塑性变形条件下材料表面因变形产生的点蚀是 SCC 裂纹的形核点。美国雪佛龙公司的 Chen[44]通过总结现场及实验室结果提出：API-13Cr 材料在 CO_2-H_2S 环境下使用极限刚度为 80ksi，HRC 小于 23；在 0℃以下使用，需要通过制造工艺提升以改善材料韧性指标；在单独的 CO_2 环境下使用温度应低于 121℃且氯化物浓度应低于 6%；在微量含硫环境下 CO_2-Cl^- 共存时，氯化物浓度应小于 15%，温度应低于 93℃；API L80-13Cr 经过大量 SCC 性能试验评价后，可用于 H_2S 分压高于 1.5psi 的环境中。

2000 年以来，川崎制铁的 Kimura 等[45,46]研究了不同 SCC 测试方法中样品尺寸、溶液饱和度、氧气等对于测试结果的影响对比及微合金元素 Nb 对于 13Cr 韧性的影响，发现 Nb 显著提高材料的韧性，含 Nb 钢的 SCC 及全面腐蚀性能与 AISI 420 合金区别不大。Schroeder 等[47]研究了奥氏体铁素体双相（duplex phase，

DP）不锈钢、13Cr、耐蚀合金的腐蚀疲劳，认为 DP 不锈钢耐腐蚀疲劳性能不如
13Cr，耐蚀合金最强。

Hariram 等[39]研究了不同回火温度对 AISI 420 合金应力腐蚀敏感性的影响，
研究发现实验钢经 250℃和 500℃回火后，其显微组织均为板条马氏体+球状和棒
状的碳化物，250℃回火后材料的抗环境敏感性优于 500℃回火的材料。AISI 420
合金经 250℃和 500℃回火后的 SEM 形貌见图 4.12，AISI 420 合金经 250℃和 500℃
回火后失效时间随加载应力及位移的变化见图 4.13。

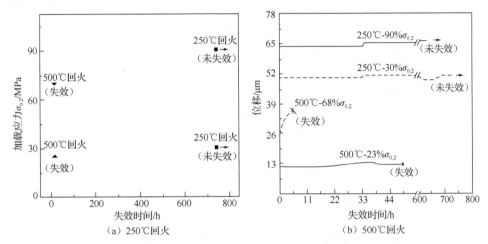

图 4.13　AISI 420 合金经 250℃和 500℃回火后失效时间随加载应力及位移的变化[47]

Wu 等[48]通过 SCC 原位观察，对 1%（浓度）NaCl 溶液湿环境下 13Cr 的点腐
蚀及 SCC 裂纹扩展的情况进行表征。研究发现 13Cr 回火后和淬火后的应力腐蚀
开裂均受局部腐蚀和裂纹影响，淬火后的应力腐蚀敏感性大于回火。

2. 超级马氏体不锈钢

20 世纪 80 年代开始，对于 API-13Cr 材料的相关研究表明，在分压高于
0.045psi（0.3Pa）H_2S 的 CO_2 环境下，API-13Cr 材料 SSC 开裂敏感性强，高温下
耐全面腐蚀和点蚀性能较低。在相关室内研究结果和油气井现场经验总结基础上，
NACE 和 API 标准对 API L80-13Cr 材料油套管的使用环境进行了严格限定，规定
其在 pH>3.5 的生产环境下，H_2S 分压不得高于 1.5psi[49]。此外，由于 API-13Cr
材料在高温和高盐条件下抗点蚀性能下降明显，油田一般限制其使用温度为
150℃，NaCl 浓度小于 4%。在上述使用极限以外，API L80-13Cr 材料除出现较为
严重的点蚀外，其全面腐蚀速率与低合金钢相比无明显优势。特别是点蚀问题，
将促进 SCC 的裂纹形核与发展，显著降低其抗 SCC 性能。除耐蚀性能外，过低
的钢级和低温韧性也显著限制了 API-13Cr 材料在油气工业中的应用范围。

20 世纪 80 年代末，基于上述问题，为提高马氏体不锈钢在油气田服役环境中的应用范围，日本川崎制铁、住友金属、日本钢管、新日铁，法国瓦卢瑞克等纷纷开始研究碳含量更低、添加 Ni、Mo 合金元素的新一代超低碳马氏体不锈钢。改进 API-13Cr 马氏体不锈钢材料的思路有两个方向：第一，降低碳含量，提高 Ni、Mo 含量，研制了 13Cr-4Ni-1Mo[*]（13-4-1）、13Cr-5Ni-2Mo（13-5-2）等 13Cr 超低碳马氏体不锈钢，室温下组织为超低碳板条状回火马氏体+片层状逆变奥氏体+残余奥氏体；第二，降低碳含量，提高 Cr、Ni、Mo 含量，研制了 15Cr-6Ni-4Mo 等 15Cr、17Cr 超低碳马氏体不锈钢。

川崎制铁 Kurahashi 等[38]在早期对一系列不同碳含量和 Ni、Mo 含量的马氏体不锈钢材料的研究表明：API-13Cr 材料在无硫环境下抗 SCC 性能较好，但气相中点蚀较为严重，尤其在 150℃以上高温环境下点蚀更加显著；与 API-13Cr 材料相比，含 4%（质量分数）Ni-1%（质量分数）Mo 的超低碳[0.003%（质量分数）C]马氏体不锈钢材料抗 SCC 性能显著提升，600℃以上高温回火后适用于 H_2S 分压 $p_{H_2S} \leqslant 30Pa$ 以下的 CO_2 环境中使用，与高碳的 API-13Cr 材料相比（$p_{H_2S}=0.7Pa$），提高 H_2S 分压极限约 42 倍。

与 13-4-1 合金相比，13-5-2 合金的性能更优，90 年代中期相关产品已投入商业化应用。新日铁 Asahi 等[37]的研究指出，与 API-13Cr 表面的多晶结构表面膜层相比，Cu、Ni 元素复合添加的 13-5-2 合金表面膜为均匀致密的非晶态结构，且在井下环境受到损伤后可在极短时间内自修复并恢复原有膜层状态，显著提高了合金的耐腐蚀性能；提出通过比对材料点蚀敏感性和酸性趋势敏感性可预测材料的 SSC 敏感性；通过应用新型的组织稳定技术，控制材料在热加工和热处理过程中获得全奥氏体或全马氏体组织，显著提高了材料性能。对于所开发的 2%Mo（质量分数）的 110ksi 合金及 1.5%Mo（质量分数）的 95ksi 合金适用于 CO_2-H_2S-Cl^- 共存环境下：180℃以下 30000mg/L Cl^- 或 150℃以下 120000mg/L Cl^- 的 CO_2 环境、在 pH≥3.5 时 H_2S 分压极限可达 0.01MPa、临界 pH 为 3.0（即当 pH 小于此值时，即使 H_2S 分压很低，13-5-2 材料的抗 SCC 性能也无法满足标准要求）。

川崎制铁 Kimura 等[50]研究发现，对于 13-5-2 合金在 180℃及 20%（浓度）NaCl 溶液中，其腐蚀速率小于 0.3mm/a，其抗 SSC 性能随 Mo 的质量分数升高而增强。含 2%（质量分数）Mo 的合金在 pH 为 3.5 时 H_2S 极限分压大于 0.005MPa，且极限分压受作用时间、合金元素含量主导的氢渗透率影响显著。与 13-4-1 合金相比，13-5-2 合金氢渗透率和氢渗透系数更低，耐环境开裂性能更好。合金体系对 CO_2 腐蚀速率的影响如图 4.14（a）所示，氢渗透测试结果如图 4.14（b）所示，不同质量分数的 Mo 对 SSC 抗力的影响如图 4.14（c）所示，合金元素质量分数对氢渗透系数的影响如图 4.14（d）所示。

---

* 此类合金型号中，元素符号前数字表示其质量分数（%）。

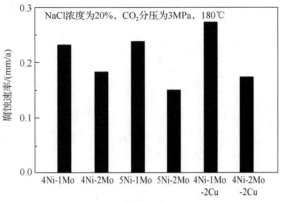

（a）合金体系对CO_2腐蚀速率的影响

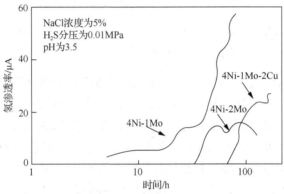

（b）氢渗透测试结果

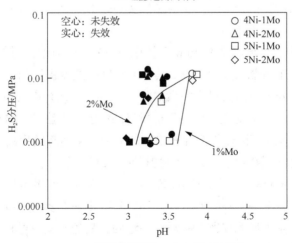

（c）不同质量分数的Mo对SSC抗力的影响

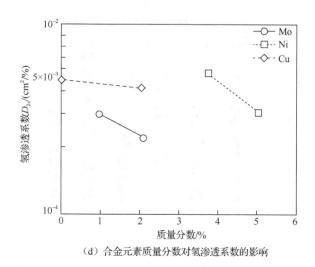

（d）合金元素质量分数对氢渗透系数的影响

图 4.14　Mo 质量分数为 2%的 110ksi 合金及 Mo 质量分数为 1%的 95ksi 合金
CO_2-H_2S- Cl^- 共存下适用的检测情况[50]

瓦卢瑞克 Linne 等[40]研究表明，超低碳 13-5-2 合金的成分设计可避免基体中碳化物析出导致的 Cr 贫瘠现象，从而促进了材料的耐蚀性。奥氏体稳定元素 Ni 的添加，可促进热加工及随后处理过程中组织的全奥氏体化和全马氏体化，避免了高温铁素体的生成。Mo 的添加有效提高了在湿 H_2S 环境下的耐点蚀和开裂性能。所开发的 95ksi 和 110ksi 超低碳马氏体不锈钢-60℃下冲击韧度（a_k）可达 200J/cm², 在 150℃高温下其损失屈服强度和抗拉强度分别小于 4%、10%，满足 NACE TM0177-A 要求，在 180℃，NaCl（250g/L）、CO_2（50Pa）、H_2S（10.32kPa）条件下腐蚀速率小于 0.15mm/a。

2000 年以来，川崎制铁 Kimura 等[51]针对 13-5-2 马氏体不锈钢的研究发现，残余奥氏体主要在高温回火后形成，其含量与回火温度密切相关，13Cr 在回火热处理后的相体积分数与回火温度关系如图 4.15 所示。残余奥氏体含量与材料抗点蚀性能关系不大，且未发现其他对于材料耐蚀性的有害影响。残余奥氏体的增加导致基体中 Cr、Mo 等碳化物沉淀析出物的减少，从而有效提高了基体中的 Cr、Mo 含量，并降低了氢浓度，改善了材料的抗 SSC 性能。

住友金属 Kondo 等[52]研究发现，高 Ni 元素的添加导致钢中 Ni 富集区的存在。当在高于富集区温度进行高温回火时，钢中将产生逆变奥氏体并在随后的冷却过程中以残余奥氏体的形式保留至室温。高温回火后的冷变形过程中，一部分逆变奥氏体转变为马氏体，但大多数仍以残余奥氏体形式保留，合金中的残余奥氏体透射电子显微镜明暗场像如图 4.16 所示。室温组织中的 Mo、Cr 等元素在残余奥

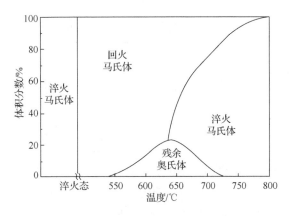

图 4.15　13Cr 在回火热处理后的相体积分数与回火温度关系[51]

氏体及回火马氏体基体中均匀分布，避免了传统两相组织中耐蚀合金元素分布不均造成的局部腐蚀。残余奥氏体可降低基体中氢的浓度聚集，从而有效提高其抗SCC 性能。

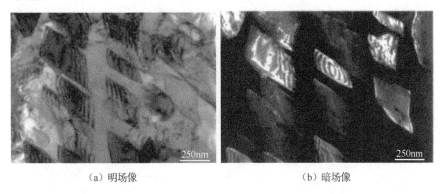

(a) 明场像　　　　　　　　　　　　　　(b) 暗场像

图 4.16　高 Ni 超级马氏体不锈钢中的残余奥氏体透射电子显微镜明暗场像[52]

　　JFE 的 Kimura 等[53]认为 13-5-2 合金适用的温度极限为 170℃，仍然无法全面满足高温高压油气田使用需求。通过研究开发了一种具有极佳高温强度和低温韧性的 125ksi 级 15Cr-6Ni-2Mo-1Cu（15-6-3）超低碳马氏体不锈钢：在-40℃下，冲击功（A_{kv}）大于 160J，在 p_{CO_2} =15MPa 条件下使用的温度极限可达 200℃，在 pH=4.5 时 H₂S 极限分压为 0.01MPa，该值是相同屈服强度下 13-5-2 合金的 3 倍，且抗点蚀、全面腐蚀及 SCC 性能均高于 13-5-2 合金。与 13-5-2 合金及 22Cr 双相不锈钢相比，15Cr 合金具有更佳的耐残酸腐蚀性能，而 22Cr 双相不锈钢在鲜酸环境中则出现了选择性腐蚀现象。不同型号不锈钢的化学成分如表 4.11 所示。

表 4.11　不同型号不锈钢的化学成分

不锈钢型号	质量分数/%						
	C	Si	Mn	Cr	Ni	Mo	Cu
13-4-1	0.02	0.18	0.39	12.8	4.2	1.0	1.0
13-5-2	0.02	0.20	0.39	12.8	5.3	2.1	—
15-6-3	0.03	0.22	0.28	14.7	6.3	2.0	—
22Cr	0.02	0.45	1.83	21.5	5.3	3.2	0.1

NKK 的 Hashizyme 等[54]认为 Nb 微合金化元素可显著提高 13-5-2 材料的回火温度，NbC 在高温下的弥散析出带来的强化作用有效弥补了高温回火带来的组织软化效应。研究材料在保持 125ksi 强韧性的同时，高温回火带来的组织均匀化增加、内应力降低等有益效果显著提升了其抗 SSC 性能。在不同 Nb 质量分数下，13-5-2 合金材料的回火温度与屈服强度的关系如图 4.17 所示。依据上述结果提出 Nb 与 C 的质量分数均需大于 0.02%。

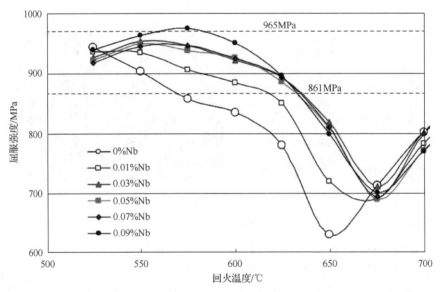

图 4.17　在不同 Nb 质量分数下 13-5-2 合金材料的回火温度与屈服强度的关系[54]

工程材料研究院针对高压气井超级 13Cr 油管失效问题，查明了其腐蚀穿孔、密封及断裂等主要失效形式，如图 4.18（a）～（c）所示。研制了从小试样到全尺寸的应力腐蚀评价装置，如图 4.18（d）所示，并建立了超级 13Cr 油管宏观应力腐蚀失效机理模型[55]，其断裂过程如图 4.19 所示，相关成果为我国高压气井的选材和评价提供了重要技术支撑。

（a）腐蚀穿孔失效　　　　　　（b）密封失效　　　　　　（c）断裂失效

（d）全尺寸实物应力腐蚀评价装置

图 4.18　高压气井超级 13Cr 油管失效形式与应力腐蚀评价装置

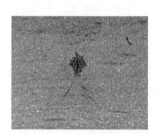
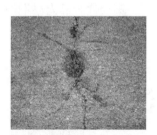

（a）小腐蚀坑　　　　　（b）腐蚀坑发展　　　　　（c）腐蚀坑发展成 X 状裂纹

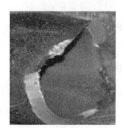

（d）X 状裂纹扩展　　　　　　　　　（e）裂纹导致断裂

图 4.19　高压气井超级 13Cr 油管失效断裂过程[55]

近期，JFE 公司的 Ishiguro 等[56]为扩展超低碳马氏体不锈钢应用范围，在 13-5-2 及 15-6-2 合金基础上开发了由 60%～70%（体积分数）马氏体+20%～30%（体积分数）铁素体+10%（体积分数）奥氏体组织构成的 17-4.5-3 合金，不同体系马氏体钢的化学成分和性能如表 4.12 所示。研究指出，该合金可解决当前 13Cr、15Cr 等马氏体不锈钢及 22Cr 等双相不锈钢在 80～100℃、pH=3.0 的强酸性环境中的断裂问题。

表 4.12　不同体系马氏体钢的化学成分和性能

名称	UNS 牌号	Cr-Ni-Mo 特征	钢级	质量分数/%						最大屈服强度
				C	Cr	Ni	Mo	N	其他	
改进 13Cr	—	13-5-2	110ksi	0.03	13	5	2	0.06	—	125ksi
15Cr	S42625	15-6-3	125ksi	0.03	15	6	2	0.05	Cu	142ksi
17Cr	S42825	17-4.5-3	110ksi	0.03	17	4.5	3	0.05	Cu、W	126ksi

3. 双相不锈钢

双相不锈钢是指在钢的固溶组织中，体心立方的铁素体和面心立方的奥氏体组织质量分数相当的不锈钢材料（量少相不低于 30%）。双相不锈钢材料经过适当处理，可兼有奥氏体不锈钢和铁素体不锈钢的强韧性和耐蚀性。

在油气井管材领域已经使用及在研的双相不锈钢，按照 Cr 含量及耐点蚀能力当量（pitting resistance equivalent number，PREN）不同，可主要分为三代：

第一代产品为早期的低 Cr 双相不锈钢，以美国 AISI 329、瑞典 3RE60 等为典型代表。其特点是碳含量相对较高，Cr 含量较低且不含 Mo 等合金元素。PREN 一般小于 25。

第二代为 20 世纪 70 年代开发成熟的超低碳双相不锈钢，以 SAF2205、SAF2304 等为典型代表。其特点是通过增加 Cr 含量、复合添加 Mo、Cu 等耐蚀性元素含量、控制超低 C 的质量分数（$w_C \leqslant 0.03\%$）、加入 N 元素等，有效提高合金耐蚀性且降低了 Cr、Ni 元素在两相中分布差异导致的双相不锈钢的相间选择性腐蚀倾向。$25 \leqslant PREN \leqslant 40$。

第三代为 20 世纪 80 年代后期开发的超级双相不锈钢，以 SAF2507、Zeron100 等为代表，$w_C \leqslant 0.02\%$，Cr、Mo、Ni、N 质量分数均高于第二代，PREN 值大于 40，具有较高的耐蚀能力。

Wilhelm 等[57]早期研究表明，对于 22Cr 双相不锈钢，当热处理温度为 1200℃和 1315℃保温 1h 水冷后，铁素体和奥氏体的体积比分别为 77∶23 和 94∶6。热处理工艺影响 2205 双相不锈钢在含 H_2S 的盐水环境中的应力腐蚀敏感性，在 177℃含 H_2S 和 Cl^- 的环境中将加速阳极应力腐蚀开裂，当温度低于 24℃或者高于 177℃时，H_2S 和 Cl^- 共存会导致应力腐蚀敏感性降低。

Ikeda 等[58]研究发现，对于 25Cr 双相不锈钢，其 SCC 敏感性一般与温度和 p_{H_2S} 存在正相关关系，但在低 H_2S 分压下，存在一个对 SCC 非常敏感的温度区间，如 p_{H_2S}=0.003MPa 时，所研究合金在 60~100℃时抗 SCC 性能非常低。

Barteri 等[59]研究了强度级别分别为 75ksi 和 140ksi 的退火后冷加工成型双相不锈钢发现，两种材料可通过 NACE TM0177 标准环境断裂评定试验。室温条件下随 Cr 含量增加，材料的抗 Cl⁻ 环境开裂性能提升。在 80℃时，冷加工态高钢级材料具有比退火态材料更高的应力腐蚀断裂门槛值。75 钢级的 22Cr 和 25Cr 材料在 p_{H_2S} 小于 1psi 的高酸性环境下（pH=2.7），其抗 Cl⁻ 腐蚀的 SSCC 性能最高可达 200g/L。在 140℃、CO_2 和 Cl⁻ 共存条件下，5g/L 的乙酸显著降低了材料抗环境断裂的 H_2S 极限分压，Cr 含量提高了材料抗 SSCC 的 H_2S 极限分压，如从 22Cr 的 3psi 至 25Cr 的 8psi。在双相不锈钢中，由于奥氏体内贫 Cr、Mo 区的存在，其抗点蚀能力较弱，因此裂纹总起源于发生点蚀的奥氏体相内。在高于屈服强度的高应力条件下，裂纹通过由于奥氏体相界面的溶解和铁素体相界面的收缩效应形成的通道扩展。在相对低的应力条件下，裂纹发展较慢，材料在溶液环境形成的闭塞电池导致的酸性腐蚀可逐渐扩展。酸性的增加导致富 Cr、Mo 的铁素体发生去钝化效应而溶解，并发生断裂。

Scoppio 等[60]研究了强度级别为 80ksi 的 UNS32760 和 90ksi 的 UNS39277 合金，并采用 UNS31803 的 22Cr 合金用于比对。研究表明，所研究材料的抗 SCC 性能严重依赖于环境溶液的 pH。110ksi 22Cr 的 p_{H_2S} 极限为 15kPa，而退火态的超级 80~90ksi 双相钢的 p_{H_2S} 可达 50kPa。此外，在采用 HCO_3^- 稀释的酸性溶液中，22Cr 的 p_{H_2S} 极限为 36kPa，而 25Cr 超级双相不锈钢 p_{H_2S} 极限可达 80kPa。超级双相不锈钢具有替代传统耐蚀合金的潜力。

Huizinga 等[61]研究了模拟 2%（浓度）HCl 酸化及生产环境下 125ksi 钢级的 SM25Cr 超级双相不锈钢的腐蚀行为发现，在 150℃鲜酸环境下，材料全面腐蚀速率达 300~600mm/a，腐蚀情况极为严重。在随后的连续模拟 CO_2-H_2S-Cl⁻ 环境发现，被鲜酸破坏的表面膜层在随后的 CO_2-H_2S-Cl⁻ 下发生了自修复，腐蚀速率降至 0.002mm/a。

Amayya 等[62]通过慢拉伸、四点弯曲恒应变试验等研究 2507、2205 双相钢的腐蚀行为发现，90℃、150℃、200℃时在 p_{H_2S}>0.1MPa 环境下双相不锈钢的 SCC 敏感性均较强，除在低浓度 Cl⁻（w_{NaCl}<0.1%）环境下未发生 SCC 外，其余样品均出现 SCC。虽然与低合金钢相比，其均匀腐蚀速率较低，但在相对苛刻腐蚀条件下样品表面发生了点蚀现象。相关试验结果也验证了前人关于双相不锈钢在 80℃附近存在 SCC 最为敏感的论述。

Kimura 等[63]研究发现，与 13-5-2 超级马氏体不锈钢相比，在 80℃、质量分数为 15%的 HCl 等鲜酸环境下 22Cr 双相不锈钢腐蚀速率超过 800mm/a,高于 13Cr、15Cr 等马氏体不锈钢约 2 倍。

为获得高强度双相不锈钢,一般需要采用冷加工成型,但此工艺导致其心部和表面组织差异明显。表面组织细化硬度过高,导致双相不锈钢管材在含 Cl⁻ 条件下产生裂纹,造成 SCC 失效。近期 Leonard 等[64]通过模拟不同变形量下一种 125ksi 级 UNS S39274 合金表面细化组织的 SCC 性能发现,组织细化对于 SCC 敏感性不大,真正的起裂原因在于冷加工过程中管材表面存在折叠等缺陷。

Souza 等[65]通过电化学测试方法对 2507 双相不锈钢材料在不同温度（5～80℃）和不同氯化物浓度下（5800～80000mg/L）进行测试,结果表明,NaCl 浓度对于表面膜层的形成影响不大,但点蚀倾向随温度升高显著降低,此趋势在温度大于 60℃时尤为明显。由于氧化膜的催化退化效应,极化电阻随温度升高而降低。

Saithla 等[66]通过慢拉伸等方法研究了 σ 相对 UNS S32760 合金在模拟 CO_2/H_2S 环境中 SCC 的影响。研究发现,当 σ 相体积分数低于 2%时,对双相不锈钢的力学和腐蚀性能影响不大;但当 σ 相体积分数超过 2%后,材料的延伸率降低且腐蚀速率显著增加。随 σ 相体积分数增加,断裂形式从延性断裂向穿晶断裂转变,裂纹从 σ 相界面形核,断裂机制为 σ 相的脆性断裂及裂纹尖端的阳极溶解。此外 σ 相和铁素体相界面应力水平非常高,裂纹通过裂纹尖端的塑性变形扩展。

Tavares 等[67]研究发现,在慢拉伸过程中,中等浓度 H_2S（p_{H_2S} =6.75psi）促进了高盐环境下 UNS S32750 合金中的氢脆过程,奥氏体岛在阻止裂纹扩展中起到屏障作用[图 4.20（a）]。在高浓度 H_2S 环境下（p_{H_2S} =30psi）的四点弯曲试验中,断裂机制主要为铁素体相的阳极溶解[图 4.20（b）]。在高盐无硫环境下,合金的应力腐蚀裂纹形貌与奥氏体不锈钢类似,裂纹沿铁素体/奥氏体相界面扩展,奥氏体对裂纹扩展的屏障作用极小[图 4.20（c）]。

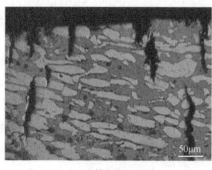
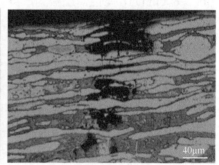

（a）中等浓度H₂S环境　　　　　　　（b）高浓度H₂S环境

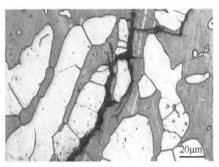

（c）高盐无硫环境

图 4.20 不同慢拉伸环境下 UNS S32750 合金的断口表面[67]

Manchet 等[68]在 2205 合金（UNS S31803/S32205）基础上，利用提高 Cr、Ni 含量以降低铁素体相体积分数（从 50%降至 40%）的思路，研制了一种改进型 2205 不锈钢材，将传统 2205 合金使用温度从-50℃降低至-100℃，显著扩展了低温韧性及焊接性能。

4.3.3 耐蚀合金

在当前油气井管材领域，已商业化应用的耐蚀合金主要包括铁镍基和镍基合金两类。其中 $w_{Ni} \geqslant 30\%$ 且 $w_{(Ni+Fe)} \geqslant 50\%$ 的合金为铁镍基耐蚀合金；$w_{Ni} \geqslant 50\%$ 的称为镍基耐蚀合金[69]。

铁镍基合金主要有 Ni-Fe-Cr、Ni-Fe-Cr-Mo、Ni-Fe-Cr-Mo-Cu 三类。Ni-Fe-Cr-Mo-Cu 系合金是当前油气井管材用耐蚀合金中商业化应用最为广泛的材料，典型牌号有 UNS N08028（028）、UNS N08825（825）、UNS N06985（G-3）、UNS N08535（2535）、UNS N09925（925）等。该类管材室温下组织为奥氏体，通过添加质量分数较高的 Cr 和适量的 Mo，与 Ni-Fe-Cr、Ni-Fe-Cr-Mo 系合金相比较，具有良好的耐氧化性介质腐蚀、耐应力腐蚀、耐点蚀和耐缝隙腐蚀等性能。典型铁镍基合金名义化学成分如表 4.13 所示。

表 4.13 典型铁镍基合金名义化学成分

名称	UNS 牌号	质量分数/%											
		Fe	Cr	Ni	Mo	Cu	Ti	Al	Nb	W	Co	其他	C
028	N08028	余量	27	31	3.5	1.0	0.3	—	—	—	—	—	0.02
825	N08825	余量	22	42	3.0	2.0	1.0	—	—	—	—	—	0.03
G-3	N06985	19	22	45	7	2.0	—	—	0.8	1.5	2.0	余量	0.01
925	N09925	余量	22	42	3.0	2.0	2.0	0.3	—	—	—	—	0.02
2535	N08535	余量	26	36	3	1	—	—	—	—	—	—	0.01

Ni-Fe-Cr-Mo-Cu 系合金来源于 1945 年研制成功的 Carpenter 20（1Cr20Ni29Mo3Cu4）材料，主要为解决耐硫酸等酸介质腐蚀问题，但此合金对晶间腐蚀非常敏感。1960 年后，通过降低碳含量、提高镍含量及优化其他合金元素含量等，形成了当前应用最为广泛的 G-3、825、028 等合金。1980 年后研发的 G30 合金在 G-3 合金基础上进一步提高了 Cr 含量，1990 年后新一代的 G35、G50 合金则进一步降低 C、Fe 含量，控制 Cr、Mo 含量，特别是 G50 合金将 Mo 的质量分数显著提高至 9%，而 Cr 的质量分数降低至 20%。G50 合金开发的主要目的是用于高含硫油气井中 G-3 合金的替代产品，受专利限制等原因，尚未见系统报道。110ksi 级典型耐蚀合金管材的金相组织如图 4.21 所示。

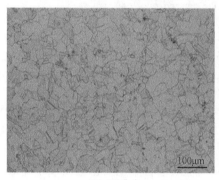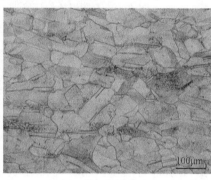

（a）825合金　　　　　　　　　　　　　（b）G-3合金

图 4.21　110ksi 级典型耐蚀合金管材的金相组织

近年来，N 作为重要的合金元素，被应用于 Ni-Fe-Cr-Mo-Cu 系合金中，进一步提升了合金的耐腐蚀性能，此方面研究也受到各国学者的关注。日本住友金属的 Sagara 等[70]研究发现，在材料屈服强度相同前提下，N 元素的添加可显著提高合金的抗 SCC 性能，N 元素在合金表面膜层中的富集减缓了腐蚀溶液中 pH 的降低趋势。基于此认识，日本住友金属在 110ksi 级 UNS N08535（SM 2535）合金基础上，通过加入 N 元素，研发了强度更高的 140ksi 级的新型铁镍基合金。

为降低合金元素成本，Sagara 等[71]通过进一步提高 Cu 含量、降低 Mo 含量等，开发出用于酸性环境的新一代经济型 120ksi 级铁镍基耐蚀合金（Cr25Ni30Cu3），显著提高了耐蚀合金的经济性，其固溶处理后的显微组织如图 4.22 所示。

镍基耐蚀合金的基体组织为奥氏体结构，按照耐蚀合金的合金元素，主要分为 Ni-Cu、Ni-Cr、Ni-Mo、Ni-Cr-Mo(-W)、Ni-Cr-Mo-Cu 等，在油气井管材领域商业应用较多的典型牌号有 UNS N06625(625)、UNS N10276(C-276)、UNS N06950(050)、UNS N06875(2550)、UNS N07718(718)等。美国 SMC 公司部分典型镍基合金管材的化学成分如表 4.14 所示，美国 SMC 公司油气井管材用(铁)镍基典型力学性能如表 4.15 所示。

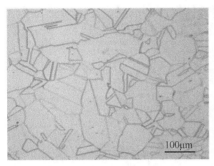 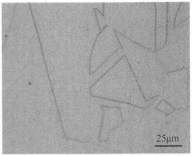

（a）低倍照片　　　　　　　　　　　（b）高倍照片

图 4.22　住友金属开发的 120ksi 经济型 2530 铁镍基耐蚀合金显微组织

表 4.14　美国 SMC 公司部分典型镍基合金管材化学成分

名称	UNS 牌号	质量分数/%											
		Fe	Cr	Ni	Mo	Cu	Ti	Al	Nb	W	Co	其他	C
2550	N06875	15	25	51	6.5	1.0	1.0	—	—	—	—	余量	0.01
625	N06625	3	22	62	9	—	0.2	0.2	3.5	—	—	余量	0.03
050	N06950	15	21	50	5	0.5	—	—	—	1.0	2.5	余量	0.15
C-276	N10276	6	16	56	16	—	—	—	—	4	2	0.35V 等	1
X-750	N07750	7	16	72	—	—	2.5	0.8	1	—	—	余量	0.03
718	N07718	19	19	52	3.0	—	0.5	0.5	5	—	—	0.1Ta 等	0.02
PH625	N07725	9	21	57	8	—	1.5	0.3	3.5	—	—	余量	0.01
PH625	N07716	5	21	61	8	—	1.3	0.2	3.5	—	—	余量	0.01

表 4.15　美国 SMC 公司油气井管材用(铁)镍基典型力学性能

商业化合金牌号	屈服强度/ksi	抗拉强度/ksi	延伸率/%	HRC 最大值（用于酸性井）
INCONEL G-3	125	130	13	39
INCONEL C-276	125	130	13	45
INCONEL 050	125	130	13	38
INCOLOY 028	110	130	15	33
INCOLOY 825	110	130	16	35
INCOLOY 925	110	140	18	38

　　625、C-276、050、718 等属于 Ni-Cr-Mo(-W)合金，其耐蚀性优良，在 F^- 和 Cl^- 等介质、氧化性及还原性环境中，均有其他耐蚀合金无法比拟的耐蚀性能。为降低成本，部分合金中添加了 Fe。为了提高力学和耐蚀性能，部分合金还添加了 W。该系列合金在热加工过程中，由于大量合金元素的添加，在晶内及晶界会有金属间相出现，Ni-Cr-Mo 三元系合金在 1250℃和 850℃时的等温线截面如图 4.23 所示。

以 625 合金为例，合金在固溶态为纯奥氏体组织，在高温阶段因受其成分影响会有 MC、M_6C、$M_{23}C_6$ 等碳化物存在以及 γ'' 相和 δ 相析出[72]。

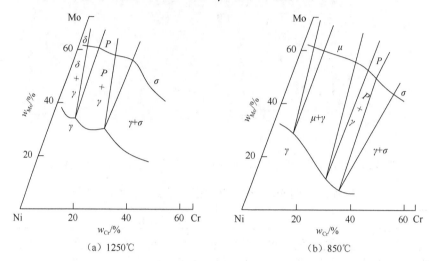

图 4.23　Ni-Cr-Mo 三元系合金的等温线截面图

2550、050 等属于 Ni-Cr-Mo-Cu 合金，是由 Ni-Cr-Mo 合金中添加 Cu 发展起来的，其设计目的主要是提高耐非氧化性酸，特别是耐磷酸和硫酸的腐蚀。由于合金中 Cr 含量较高，并含有 Mo 和 Cu。因此，此类合金耐盐酸、氢氟酸及其他混合酸腐蚀能力也显著提高。

2011 年以来，美国 SMC 公司 Mannan[73]在 945 合金基础上，研制了一种用于油气井管材的 UNS N009946（945X）合金。718 合金在加工过程中易出现晶内 δ 相，从而降低抗氢脆和抗 SCC 性能。因此，该合金通过降低 Nb 和 Ni 含量、增加 Cu 含量，有效避免晶内 δ 相析出带来的性能降低，该合金当前主要用于替代 718 合金。美国哈氏合金国际公司 Caron[74]对所开发的 C-22HS 合金（UNS N07022）进行的评价试验发现，与 N07718、N09945 等合金相比，其强度可达 225ksi，在 25%（浓度）NaCl、6.9MPa CO_2、6.9MPaH_2S 环境中耐全面腐蚀及抗 SCC 腐蚀性能等均显著高于 N00718、N09945 等合金，使用环境温度可达 288℃。

参 考 文 献

[1]　何生厚. 高含硫化氢和二氧化碳环境下的腐蚀与控制[M]. 北京: 中国石化出版社, 2009.

[2]　尹成先, 付安庆, 李时宜, 等. 石油天然气工业管道及装置腐蚀与控制[M]. 北京: 科学出版社, 2017.

[3]　刘传森, 李壮壮, 陈长风. 不锈钢应力腐蚀开裂综述[J]. 表面技术, 2020(3): 1-13.

[4]　Petroleum and natural gas industries—Materials for use in H_2S-containing environments in oil and gas production—Part 1: General principles for selection of cracking-Resistant Materials Reference: ISO 15156-1: 2020[S]. Switzerland: International Organization for Standardization, 2020.

[5]　Petroleum and natural gas industries—Materials for use in H_2S-containing environments in oil and gas production—Part 2: Cracking-resistant carbon and low alloy steels, and the use of cast irons: ISO 15156-2: 2015[S]. Switzerland: International Organization for Standardization, 2015.

[6]　党恒耀, 张亚军, 罗先甫, 等. 常见应力腐蚀标准试验方法对比及应用[J].理化检验-物理分册, 2018, 54(9): 672-675.

[7]　Nippon Steel &Sumitomo Metal. Seamless Casing &Tubing Pipe Product[M]. Tokyo: Nippon Steel & Sumitomo Metal Corporation, 2012.

[8]　Nippon Steel. OCTG Materials-Material Selection Chart[EB/OL]. (2020-01-16) [2020-10-06]. http://www.tubular. nipponsteel.com/product-services/octg/materials/materials.

[9]　Vallourec Smart Tubular Solutions. Advanced Support for Well Optimization guide [EB/OL]. https://solutions. vallourec.com/en/Oil-and-Gas/OCTG/Challenges/DeepOffshore-HPHT.

[10]　张忠铧. 宝钢油井管产品使用手册[M]. 上海: 上海交通大学出版社, 2017.

[11]　MARSEE J. Steels for Drill Pipe, Tool Joints and Drill Collars[C]. Dallas: Annual Meeting of the American Institute of mining, Metallurgical, and Petroleum Engineers, 1963.

[12]　ASAHI, HITOSHI. Hydrogen embrittlement in oil country tubular goods and line pipes[J]. Zairyo-to-Kankyo, 2000, 49(4): 201-208.

[13]　STEPHEN W, CIARALDI. Some factors that affect the sour-service performance of carbon-steel oil-country tubulars[J]. SPE Drilling Engineering, 1986, 1(3): 233-241.

[14]　MOTODA K, MASUDA T. Development of 110-ksi grade octg with good resistance to sulfide-stress-corrosion cracking[J]. Journal of Petroleum Technology, 1988, 40(9): 1232-1236.

[15]　TSUKANO Y, ASAHI H, TERASAWA T, et al. Development of Sour Service Drill String With 110-ksi Yield Strength[C]. Amsterdam : SPE Drilling Conference, 1991.

[16]　CEDRIC L, BERTINE O J, FRANCOIS B, et al. Drill Pipes for Sour Service[C]. Colorado: Corrosion, 1986.

[17]　CHANDLER B, JELLISON M, SKOGSBERG J, et al. Advanced Drill String Metallurgy Provides Enabling Technology for Critical Sour Drilling[C]. Denver: Corrosion, 2002.

[18]　万里平. 高含硫气田钻具腐蚀研究进展[J]. 石油天然气学报(江汉石油学院学报), 2006, 28(4): 154-158, 447.

[19]　SUTTER P, ORLANS B, PETER J, et al. Development of Drill Pipes for Sour Service[C]. Denver: Corrosion, 2002.

[20]　VINCENT F. A Decade of Drill Pipe Grades and Industry Standards Evolutions to Address Increasing H_2S Challenges[C]. Bali: SPE/IATMI Asia Pacific Oil & Gas Conference and Exhibition, 2015.

[21]　HEHN L, UTTECHT A, JELLISON M, et al. A New Class of 125 ksi SMYS Sour Service Drill Pipe Offers Improved Capabilities for Drilling in Sour Gas Environments[C]. Abu Dhabi: SPE/IADC Middle East Drilling Technology Conference and Exhibition, 2016 .

[22]　PANDA D, LOLLA T, MOKIRALA R, et al. Development of Sour Service Corrosion Resistant High Strength Steel Pipe Grades at TMK[C]. Houston: Offshore Technology Conference, 2017.

[23]　四川省石油管理局设计院, 四川省石油管理局隆昌气矿. 40 锰钼铌抗硫油管试验使用小结[J]. 石油钻采机械情报, 1977(1): 33-42.

[24]　周云南, 黄恺. 25CrMoTi 抗 H2S 石油套管的试制[J]. 钢管技术, 1980(2): 1-6.

[25]　孙景淳. 国产抗硫套管首次下井试验[J]. 天然气工业, 1992(4): 110.

[26]　何沛, 虞敌卫. 石油钻杆过渡段抗硫化氢应力腐蚀开裂行为研究[J]. 上海金属, 1993(1): 30-35.

[27]　于广华, 程以环, 陈红星, 等. C90 油管钢的氢损伤[J]. 金属学报. 1996, 32(6): 617-623.

[28]　褚武扬, 王燕斌, 关永生, 等. 抗 H2S 石油套管钢的设计[J]. 金属学报, 1998, 34(10): 1073-1077.

[29]　郭金宝, 程以环, 孙元宁, 等. 宝钢抗硫系列油管的研制[C]. 成都: 第二届石油石化工业用材研讨会, 2001.

[30]　许文妍, 付继成, 孙炜, 等. 抗硫化氢应力腐蚀石油套管系列产品的开发与应用[C]. 成都: 第二届石油石化工业用材研讨会, 2001.

[31]　左宏志. 宝山钢铁股份有限公司抗硫钻杆在普光气田试用[J]. 钢管, 2008(5): 25.

[32] 张忠铧, 张春霞, 殷光虹, 等. 宝钢抗腐蚀系列油井管的开发[J]. 宝钢技术, 2009(S1): 62-66.

[33] 吕传涛, 郑飞, 姚勇, 等. 抗硫化物应力腐蚀 SS105 钢级钻杆料的开发[C]. 北京: 第八届中国钢铁年会, 2011.

[34] 刘智超, 李鹏, 李真, 等. C105SS 抗硫钻杆[J]. 石油科技论坛, 2012, 31(3): 60-61, 74.

[35] 李昱坤, 党民, 卫栋, 等. API 标准 C110 套管与国内外 110Ksi 钢级抗硫管制造工艺对比[J]. 热加工工艺, 2012, 41(16): 60-62, 65.

[36] 王航, 韩礼红, 胡锋, 等. 回火温度对抗硫钻杆钢析出相形貌及力学性能的影响[J]. 材料热处理学报, 2012, 33(3): 88-93.

[37] ASAHI H, HARA T, SUGIYAMA M. Corrosion Performance of Modified 13Cr OCTG[C]. Denver: Corrosion, 1996.

[38] KURAHASHI H, KURISU T, SONE Y, et al. Stress corrosion cracking of 13Cr steels in CO_2-H_2S- Cl^- environments[J]. Corrosion, 1985, 41(4): 211-219.

[39] HARIRAM K, ANANTHA A, ORNEK C, et al. Experimental and modelling study of the effect of tempering on the susceptibility to enviroment-assisted cracking of AISI 420 martensitic stainless steel[J]. Corrosion Science, 2019(148): 83-93.

[40] IKEDA A, MUKAI S, UEDA M. Corrosion behavior of 9 to 25% Cr steels in wet CO_2 environments[J]. Corrosion, 1985, 41(4): 185-192.

[41] LINNE C P, BLANCHARD F, GUNTZ G C. Corrosion Performances of Modified 13Cr for Octg in Oil and Gas Environments[C]. Houston: Corrosion, 1997.

[42] FIERRO G, INGO G M, MANCIA F. XPS investigation on the corrosion behavior of 13Cr-martensitic stainless steel in CO_2-H_2S-Cl^- environments[J]. Corrosion, 1989, 45(10): 814-823.

[43] OZAKI T, ISHIKAWA Y. Stress corrosion cracking of nickel containing 13Cr martensitic stainless steels in high temperature-high purity water[J]. Corrosion Engineering, 2009, 38(3):148-154.

[44] CHEN W C. 13Cr Tubular Service Limits and Guidelines for Sweet and Sour Environments[C]. Houston: Offshore Technology Conference, 1992.

[45] KIMURA M, MIYATA Y, TOYOOKA T, et al. Effect of Test Method on SSC Performance of Modified 13Cr Steel[C]. Houston: Corrosion, 1998.

[46] KIMURA M, MIYATA Y, TOYOOKA T. Development of New 13Cr Steel Pipe with High Strength and Good Toughness[C]. Houston: Corrosion, 2002.

[47] SCHROEDER R M, MULLER I L. Fatigue and corrosion fatigue behavior of 13Cr and duplex stainless steel and a welded nickel alloy employed in oil and gas production[J]. Materials and Corrosion, 2009, 60(5): 365-371.

[48] WU K, ITO K, SHINOZAKI K, et al. A comparative study of localized corrosion and stress corrosion cracking of 13Cr martensitic stainless steel using acoustic emission and X-ray computed tomography[J]. Materials, 2019, 12(16): 2569-2571.

[49] Petroleum and natural gas industries—Materials for use in H_2S containing environments in oil and gas production— Part 3: Cracking-resistant CRAs (corrosion resistant alloys) and other alloys: ISO 15156-3: 2020[S]. Switzerland: International Organization for Standardization, 2020.

[50] KIMURA M, MIYATA Y, YAMANE Y, et al. Corrosion Resistance of High Strength Modified 13Cr Steel[C]. Houston: Corrosion, 1997.

[51] KIMURA M, MIYATA Y, TOYOOKA T. Effect of Retained Austenite on Corrosion Performance for Modified 13% Cr Steel[C]. Houston: Corrosion, 2000.

[52] KONDO K, AMAYA H, OHMURA T, et al. Effect of Work on Retained Austenite and on Corrosion Performance in Low Carbon Martensitic Stainless Steels[C]. Houston: Corrosion, 2003.

[53] KIMURA M, SAKATA K. Corrosion Resistance of Martensitic Stainless Steel OCTG in Severe Corrosion Environment[C]. Houston: Corrosion, 2007.

[54] HASHIZYME S, ONO T. Performance of High Strength Low C-13%Cr Martensitic Stainless Steel[C]. Houston: Corrosion, 2007.

[55] 付安庆, 史鸿鹏, 胡尧, 等. 全尺寸石油管柱高温高压应力腐蚀/开裂研究及未来发展方向[J]. 石油管材与仪器, 2017, 3(1): 40-46.

[56] ISHIGURO Y, KANAYAMA T. Environmentally-Assisted Cracking of Martensitic Stainless Steel OCTG Material in CO_2/H_2S Saturated Condition from Room Temperature to Elevated Temperature[C]. Houston: Corrosion, 2019.

[57] WILHELM S M, KANE R D. Effect of heat treatment and microstructure on the corrosion and SCC of duplex stainless steels in H_2S/Cl^- environments[J]. Corrosion -Houston Tx-, 2012, 40(8): 431-439.

[58] IKEDA A, MUKAI S, UEDA M. Corrosion Behavior of 9 to 25% Cr Steels in Wet CO_2 Environments[J]. Corrosion -Houston Tx-, 1985, 41(4): 185-192.

[59] BARTERI M, MANCIA F, TAMBA A. Microstructural study and corrosion performance of duplex and superaustenitic steels in sour well environment[J]. Corrosion -Houston Tx-, 1987, 43(9):518-525.

[60] SCOPPIO L, BARTERI M, LEALI C. Sulphide Stress Cracking Resistance of Superduplex Stainless Steels in Oil & Gas Field Simulated Environments[C]. Houston: Corrosion, 1998.

[61] HUIZINGA S, JONG J G, LIKE W E, et al. Offshore 22Cr Duplex Stainless Steel Cracking-Failure and Prevention[C]. Houston: Corrosion, 2005.

[62] AMAYA H, UEDA M, YAMAMOTO E, et al. Research into Material Selection for Down-Hole Tubing in Severe Sour Service[C]. Houston: Corrosion, 2001.

[63] KIMURA M, SAKATA K, SHIMAMOTO K. Corrosion Resistance of Martensitic Stainless Steel OCTG in Severe Corrosion Environments[C]. Houston: Corrosion, 2007.

[64] LEONARD A J, MARTIN J W, DAVIS A P, et al. Effect Of Severe Cold Work on the Microstructure and Ssc Resistance of Superduplex Stainless Steel Downhole Tubulars[C]. Houston: Corrosion, 2010.

[65] SOUZA E C, ROSSITTI S M, ROLLO J M D A. Influence of chloride ion concentration and temperature on the electrochemical properties of passive films formed on a superduplex stainless steel[J]. Materials Characterization, 2010(61): 240-244.

[66] SAITHALA J R, RAO G B, SURYANARAYANA M, et al. Quality & Operational Performance Review of Duplex Stainless Steel Products-an End Users Perspective[C]. Houston: Corrosion, 2018.

[67] TAVARES S S M, PARDALA J M, ALMEIDAA B B, et al. Failure of superduplex stainless steel flange due to inadequate microstructure and fabrication process[J]. Engineering Failure Analysis, 2018(84): 1-10.

[68] MANCHET S L, CISSÉ S, PASSOT G, et al. Development of a 22% Cr Duplex Stainless Steel with Enhanced Weldability and Toughness Properties for Oil & Gas Applications[C]. Houston: Corrosion, 2019.

[69] 陆世英, 康喜范. 镍基及铁镍基耐蚀合金[M]. 北京: 化学工业出版社, 1989.

[70] SAGARA M, OTOME Y, AMAYA H, et al. Development of High-Strength Ni Alloy OCTG Material for Sour Environment[C]. Houston: Corrosion, 2011.

[71] SAGARA M, NISHIMURA A, UEYAMA M, et al. Development of Cost-Effective Ni Alloy OCTG Material for Sour Environment[C]. Houston: Corrosion, 2012.

[72] 高钰璧, 丁雨田, 孟斌, 等. Inconel 625 合金中析出相演变研究进展[J]. 材料工程, 2020, 48(5): 13-22.

[73] MANNAN S. Corrosion Resistance And Mechanical Properties Of a 140 ksi Min Alloy 945x For Hpht Application[C]. Houston: Corrosion, 2012.

[74] CARON J L. Sour Gas and Hydrogen Embrittlement Resistance of High-Strength UNS N07022 Alloy for Oil and Gas Applications[C]. Houston: Corrosion, 2017.

第 5 章　轻质高强铝/钛合金

以铝合金、钛合金等为代表的高强度低密度油气井管材具有比强度高，耐 H_2S、CO_2 腐蚀，疲劳寿命高，加工性能及低温塑韧性好等优点，对于解决复杂工况条件下的深井、超深井、水平井、大位移井、含硫井、海洋石油钻井等问题具有广泛的应用前景，是当前高性能油气井管材研究的热点。

对于油气井用铝合金管材，苏联自 20 世纪 50 年代末期开始探索研究，90 年代初采用铝合金钻杆钻成了陆上垂深最大的超深井（SG-3 井 12262m）。在不断完善与丰富相关技术基础上，开发出铝合金钻杆、油管、套管及配套工具与设计使用技术等，为深井、超深井等复杂工况油气井的高效安全勘探开发提供了重要技术支撑。对于油气井用钛合金管材，美国自 20 世纪 90 年代在墨西哥湾等高温高压区块复杂井的钻完井中进行了商业化应用，取得了一定效果。

鉴于俄罗斯、美国等在油气井用铝/钛合金管材方面的核心技术严格保密、限制出口、供货周期长、价格昂贵等问题，我国在工程材料研究院的牵头下，联合油气田、制造企业及高校等，自 2008 年开展了油气井铝/钛合金管材的国产化工作，取得了初步的成绩。

本章从科研实践出发，对铝/钛合金钻杆的材料、结构、评价方法等方面的最新认识及部分关键技术的研究成果进行介绍，希望能够为推动本领域技术进步提供借鉴。

5.1　铝合金钻杆

铝合金钻杆结构主要包括钢接头铝合金钻杆和整体式铝合金钻杆。按其强度级别及服役工况环境，可分为高强度、超高强度、耐高温、耐腐蚀四个类别，材料主要在 D16T（AA2024）、1953T1（AA7075）、AK4-1T1（AA2618）、1980T1 等合金牌号基础上优化。

5.1.1　铝合金钻杆的特点及优越性

1. 密度小、比强度高、极限下入深度大、钻柱质量显著减小

对于油气井管柱而言，一个显著的特点是井口上部管柱需承载所有下部管柱悬重，即管柱自身载荷质量是决定管柱下入极限的主要影响因素之一。为了便于

描述不同密度材料单位质量的断裂和变形承载能力，一般将材料强度（断裂强度或屈服强度）与其密度的比值，即材料单位质量条件下所能承载的最大强度，定义为比强度。将材料弹性模量与其密度的比值，即材料单位质量条件下，抵抗弹性变形的能力定义为比刚度（比弹性模量）。

表 5.1 为不同强度级别铝合金钻杆、钛合金钻杆和钢制钻杆材质的物理/力学特性参数。由表 5.1 可知，已工业化的三种材质钻杆比屈服强度范围分别为 66282~144050（Pa·m³）/kg、114888~202391（Pa·m³）/kg、140370~221758（Pa·m³）/kg。铝合金钻杆比弹性模量低于钢制钻杆，钛合金钻杆最小。

表 5.1 不同强度级别钻杆材质物理/力学特性参数（20℃）

材质	代号	密度 /(g/cm³)	弹性模量/GPa	屈服强度/MPa	抗拉强度/MPa	比屈服强度 /[(Pa·m³)/kg]	比抗拉强度 /[(Pa·m³)/kg]	比弹性模量 /[(Pa·m³)/kg]
钢钻杆	E75	7.8	210	517	689	66282	88333	26923076
	G105	7.8	210	724	793	92820	101666	26923076
	S135	7.8	210	931	1000	119358	128205	26923076
	V165	7.9	210	1138	1300	144050	164556	26582278
	B180*	7.9	210	1241	1460	157088	184810	26582278
	Z200*	8	210	1380	1623	172500	202875	26250000
	U230*	8	210	1590	1870	198750	233750	26250000
	U250*	8.1	210	1724	2028	212839	250370	25925925
钛合金钻杆	T75	4.5	110	517	689	114888	153111	24444444
	T95	4.5	110	655	724	145555	160888	24444444
	T105	4.6	110	724	793	157391	172391	23913043
	T135	4.6	110	931	1000	202391	217391	23913043
	T140*	4.7	110	966	1100	205531	234042	23404255
铝合金钻杆	A55	2.7	71	379	517	140370	191481	26296296
	A80	2.8	71	552	620	197142	221428	25357142
	A90	2.8	71	621	690	221785	246428	25357142
	A100*	2.83	71	690	750	243816	265017	25088339

注：* 表示作者科研实践值，部分超高强度材料尚未工业化，性能数据取自实验室室内研究及理论计算结果。

根据表 5.1 比屈服强度计算结果，单位质量下，由 A55 铝钻杆或 T105 钛钻杆构成的钻柱服役性能与 B180 钢钻杆相当，A80 铝钻杆或 T135 钛钻杆与 U230 钢钻杆相当，A90 铝钻杆与 U250 钢钻杆相当。

为了更清晰地反馈实际井深条件下不同材质钻柱的极限深度和理论悬重，在考虑钻杆结构尺寸、泥浆密度、摩阻系数等因素条件下，计算结果比对如图 5.1 所示。

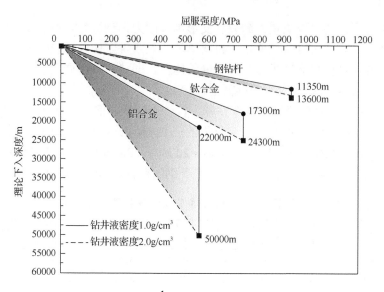

图 5.1　钻井液密度对 $5\frac{1}{2}$ in 钻杆最大允许下入深度影响规律

图 5.1 为规格为 $5\frac{1}{2}$ in 钻杆，壁厚 10.54mm，材质分别选用 A80 铝合金、T105 钛合金和 S135 钢制材料，安全系数取 1.5 条件下，不同钻井液密度对三种材质钻杆理论下入深度的计算结果，计算方法见文献[1]。由图 5.1 可以看出，在钻井液密度为 2.0g/cm³ 条件下，三种材质钻杆理论最大可下入深度分别为 A80 铝合金 50000m、T105 钛合金 35300m、S135 钢钻杆 15000m。即在钻井液密度为 2.0g/cm³ 条件下，A80 铝合金钻杆理论最大下入深度分别为 T105 钛合金钻杆的 2.05 倍，S135 钢制钻杆的 3.67 倍。

图 5.2 为钻柱规格为 $5\frac{1}{2}$ in，壁厚为 10.54 mm，安全系数取 1.5 的条件下，A80、T105、S135 三种不同材质钻柱质量理论计算值与井垂深的对应关系。在钻柱上提过程中，考虑安全余量 50t，钻井液密度为 1.2g/cm³、铝合金钻柱和钢制钻柱摩阻系数分别为 0.22 和 0.27 时，三种不同材质钻柱在垂深 7000m 时的理论质量分别为 191.7t、243.4t 和 339.1t。即在 7000m 深度位置处，A80 铝合金钻柱理论质量分别为 T105 钛合金钻柱的 0.79 倍，S135 钢制钻柱的 0.56 倍。当垂深为 15000m 时，三种不同材质钻柱的理论质量分别为 353.7t、464.4t 和 669.6t。即在 15000m 深度位置处 A80 铝合金钻柱，理论质量分别为 T105 钛合金钻柱的 0.76 倍，S135 钢制钻柱的 0.53 倍。

铝合金钻杆质量轻，在钻机能力一定条件下，与传统钢制相比可显著降低钻柱质量，有效提高钻机的最大钻深。据报道[2]，俄罗斯使用 400t 钻机在萨哈林区

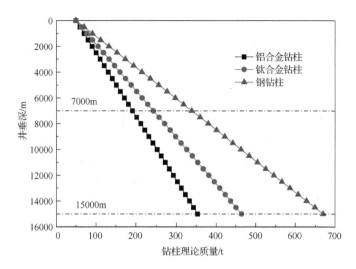

图 5.2　不同垂深条件下钻柱在上提过程中质量变化理论计算

块完钻世界垂深最深井 SG-3 井（垂深 12262m），此外，使用 300t 钻机完钻 7000m
超深井。

2. 弹性模量小、水力性能好、有效降低钻机负荷、提高钻井效率

铝合金钻杆的弹性模量约为钢的 30%，计算表明，相同曲率半径条件下，弯
曲应力约为钢制钻杆的 36%，可有效提高水平井弯曲段的通过性。在钻井液条件
下，钢制钻杆与钢制套管间的滑动摩擦系数约为 0.27，铝合金钻杆与钢制套管间
的滑动摩擦系数约为 0.22。考虑单位长度铝合金钻杆在泥浆中质量是钢制钻杆的
0.5 倍，铝合金钻柱在完全水平段摩擦阻力可降低 60%左右。

图 5.3 为一口 15000m 大位移井井身结构及钻柱设计图，表 5.2 为对应使用不
同钻柱组合结构设计参数及性能对比数据。

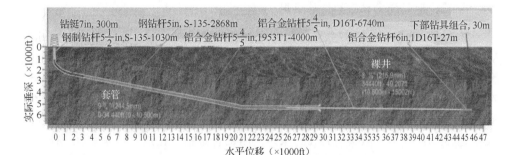

图 5.3　15000m 大位移井井身结构及钻柱设计

表 5.2　不同钻柱组合结构设计参数及性能对比表

材质	浮重/kN	轴向拉力/kN	大钩载荷/t	扭矩/(kN·m)	屈曲安全系数	水力损失/MPa
S135 钢钻柱	3946	208	409	57.3	1.71	21.8
A80 铝钻柱 +S135 钢钻柱	3008	117	161	38.0	1.55	22.7

由表 5.2 可以看出，使用 A80 铝钻柱与 S135 钢钻杆组合进行大位移井作业，与全钢钻柱相比，大钩载荷从 409t 降至 161t，降低大钩载荷 60%以上，提高钻柱安全余量 1.9 倍。更重要的是，上述由钻柱材质变化带来的钻柱质量降低，在一定程度上减少了传统钢制钻杆在水平段钻进时磨损套管的风险。此外，铝合金钻杆内孔大，对泥浆的摩擦阻力小，可显著提高钻柱水力性能，提高井下动力钻具的钻井效率。

3. 耐 H_2S 应力腐蚀、低温韧性好、无磁性

在合理选材及热处理条件下，铝合金钻杆用 2000 系及 7000 系材料具有优良的抗 H_2S 应力腐蚀开裂性能。俄罗斯的实践表明，迄今为止尚无硫化氢应力腐蚀导致铝合金钻杆管体失效案例报道[2]。分析认为，这与变形铝合金材料微观组织结构及实际井况下钻柱质量降低带来的低应力集中特性密切相关。与铝合金钻杆连接的钢制接头，因铝合金管体的阴极保护作用，在现场钻井实践中也未有应力腐蚀断裂失效先例。

铝合金钻杆材料具有良好的低温韧性，且随温度降低其抗拉强度、屈服强度、延伸率及断裂韧性均上升。基于此特性，铝合金材料广泛应用于液氧、液氢等压力储罐，最低使用温度可达-196℃，而不会发生低温脆断现象[3]。无钢接头铝合金钻杆具有无磁特性，对于随钻测井等先进钻井方法有重要的意义。

5.1.2　铝合金钻杆技术的发展应用

1. 俄罗斯铝合金钻杆的发展应用

20 世纪 50 年代末，苏联开始研究铝合金钻杆技术[2]。60 年代初，在 Middle Volga 地区首次进行了铝合金钻杆现场试验，结果表明，铝合金钻杆能够极大地提升钻井效率，降低材料能耗及劳动力成本。60 年代中期至 70 年代，铝合金钻杆在 Western Siberia 开始投入超深井的现场钻井试验。随着铝合金钻杆技术的发展，80 年代初，苏联铝合金钻杆每年用量约 150 万 m，截至 1985 年，铝合金钻杆进尺数达 3560 万 m，70%～75%的深井使用铝合金钻杆钻进。特别是在 Western Siberia 和 Far North 等偏远崎岖地区，铝合金钻杆轻质化优势体现得更加明显，配合使用移动式钻机进行工厂化丛式井钻井作业，开发出大量新的油气资源区块。铝合金钻杆早期在苏联的应用井深范围既包括 1600～5000m 的中浅井、深井

（Urals-Volga 区块），也包括 5000～7000m 的超深井（Volgograd-Saratov 区块）。主要钻井作业方式采用底部动力驱动，至少 20%的油气井使用了传统转盘驱动方式，同样获得了良好的使用效果。现场钻井研究统计表明，对于 2900～3200m 中浅井而言，铝合金钻杆使用寿命可达 7～8 年，机械纯钻时间平均为 5500～5600h。鉴于铝合金钻柱质量降低的优势，与钢制钻杆比较，由疲劳、过载、磨损、腐蚀等问题带来的失效事故降低 40%以上。

在大量铝合金钻杆管体新材料的开发、钻杆结构设计优化、钻柱结构设计优化和现场生产实践经验总结基础上，苏联采用铝合金钻杆在超深井钻探领域取得了突破性进展，1992 年完成了 Kola SG-3 井的钻探工作，创造了钻井进尺 12262m 的垂深世界纪录。1991 年，苏联 70%～80%的深层油气井使用铝合金钻杆钻进。2009 年，俄罗斯在役铝合金钻杆约 100 万 m。随着铝合金钻杆技术的发展，直接带动了超深井、大位移井等复杂工况条件下钻探技术的发展，大量使用钢制钻杆难以完成的创纪录井被铝合金钻杆钻成。世界垂深最深井及俄罗斯铝合金钻杆产品如图 5.4 所示。

　　　（a）世界垂深最深井 SG-3（垂深 12262m）　　　（b）俄罗斯钢接头铝合金钻杆产品

图 5.4　世界垂深最深井及俄罗斯铝合金钻杆产品

2. 美国铝合金钻杆的发展应用

与俄罗斯相比，美国的铝合金钻杆技术研究起步相对较晚，但发展势头迅速，特别是 2009 年以后，美国最大铝加工制造企业——美国铝业公司专门成立油气资源事业部推广铝合金钻杆技术。与俄罗斯相比，美国铝合金钻杆技术主要应用于工厂化丛式井、页岩气水平井、海洋平台等快速钻井领域，铝合金钻杆大钩载荷降低 30%、井口扭矩小、钻柱浮重较钢钻杆降低 50%、下深可增加 5000ft[3]。美国铝合金钻杆主要应用领域如图 5.5 所示。

此外，美国铝合金钻杆技术更加注重其配套技术的发展，在钻杆接头结构优化、配套移动式快速钻机开发等方面都做了大量研究工作，取得了积极的成效，如图 5.6 所示。使用铝合金钻杆不但节省运输成本，而且增加运输能力。相比钢

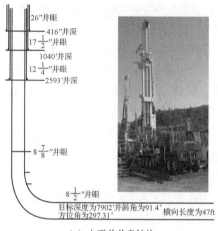

（a）水平井井身结构

（b）海洋平台的应用

图 5.5　美国铝合金钻杆的主要应用领域

$1'' = 1$英寸 $= 2.54cm$；　$1' = 1$英尺 $= 3.048 \times 10^{-1}m$

钻杆，铝合金钻杆的运输能力增加了 30%，如 2500ft 井深 $4\frac{1}{2}''$ 铝合金钻杆用 1 辆卡车即可运输。同时，铝合金钻杆还具有节约能源（15%～20%）、增加管柱连接强度及降低偏磨等优良特性。

3. 中国铝合金钻杆的发展应用

与俄罗斯、美国相比，我国的铝合金钻杆技术起步较晚，但发展迅速。冯春等[3]通过自主设计 2000 系铝合金钻杆成分及配套热处理工艺，结合实验室模拟及实物验证评价等方法，系统地进行了力学性能、组织演变规律、疲劳性能及耐腐蚀性能等研究，开发了 460MPa 级（A55）铝合金钻杆管体材料，2013 年，在中国石油塔里木油田成功下井应用。梁健等[4]采用工业化 7E04 合金用于铝合金钻

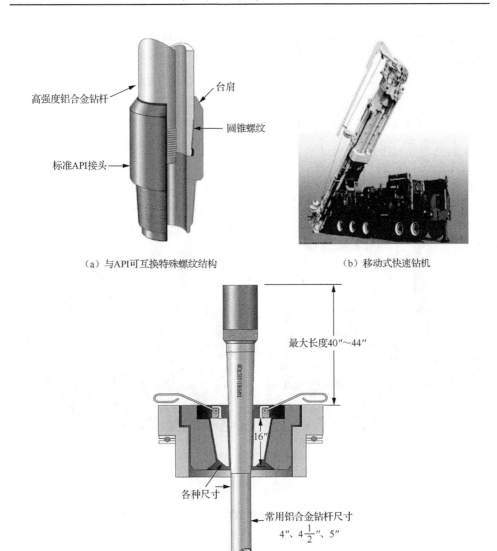

（a）与API可互换特殊螺纹结构　　　　　　　（b）移动式快速钻机

（c）铝合金钻杆专用吊卡

图 5.6　美国铝合金钻杆接头结构优化及配套移动式快速钻机

杆，并对其基本力学性能及腐蚀特性进行了研究。吕栓录等[5]结合铝合金钻杆的
结构特性，分析了铝合金钻杆的适用范围。唐继平等[6]对铝合金钻杆的动态特性
及磨损机理进行了分析，获得了铝合金钻杆推荐使用井下动力驱动的力学机制。
刘宝昌等对铝合金钻杆装配工艺、工业化 7075、2024 合金的耐蚀性能及实物强度
进行了研究[7-10]。王小红等[11]对可用于铝合金钻杆的工业化铝合金材料的生产工
艺进行了分析。舒志强等[12]对一种铝合金材料的拉伸方法和旋转弯曲疲劳断口特

征进行了测试。王勇等[13]从材料力学性能和抗扭的原理角度分别对铝合金钻杆和钢钻杆进行了对比,并分析了铝合金钻杆装配过盈量问题。杨尚谕等[1]结合实际工况采用管柱力学方法对铝合金钻杆在深井/超深井中的性能极限进行了分析。冯春等[14,15]从铝合金钻杆成分及工艺出发,在实验室获得了强度级别分别为550MPa(A80)、700MPa(A90)的超高强铝合金钻杆管体材料。

在实物验证评价方法方面,冯春等[2]制定了首份铝合金钻杆全尺寸实物评价方法并完成了实物拉伸、内压、挤毁等验证试验,如图 5.7(a)所示,为铝合金钻杆在国内的推广应用提供了重要基础。

(a) 2013 年塔里木油田产化高强度　　　　　(b) 2012 年南海惠州油田高强度
铝合金钻杆实物样管现场试验　　　　　　　　　铝合金钻杆

图 5.7　国内油气田企业的铝合金钻杆应用现场照片

在铝合金钻杆产品现场应用方面,自 2009 年,中国石油塔里木油田使用高强度铝合金钻杆完成了 20 余口井的作业,发现大量现场使用问题,积累了宝贵的铝合金钻杆现场使用经验。2012 年中国海洋石油集团有限公司在南海惠州油田 HZ25-4 井(CNOOC、ENI、CHEVRON 合作开发区块)使用高强度铝合金钻杆实现了高难度复杂井的高效率钻井,现场情况如图 5.7(b)所示。此外,中国石油集团川庆钻探工程有限公司采用铝合金钻杆进行下尾管作业,取得了满意的效果。

在铝合金钻杆国家标准方面,工程材料研究院牵头起草了《石油天然气工业 铝合金钻杆》(GB/T 20659—2017)《石油天然气工业 铝合金钻杆螺纹连接测量》(GB/T 37262—2018)《石油天然气工业 含铝合金钻杆的钻柱设计及操作极限》(GB/T 37265—2018)三个系列国家标准。上述国家标准的发布对规范相关技术、推动我国铝合金钻杆技术的推广应用起到了促进作用。

4. 铝合金钻杆技术在我国的重点应用领域

分析认为，铝合金钻杆技术在我国油气资源勘探开发现状下，可应用领域如下：①深层油气藏领域。随着我国石油工业勘探开发的深入，中浅层油气资源的日益枯竭，深井超深井数量显著增加。应用铝合金钻杆技术，可解决钢制钻杆安全余量不足、下入难度大及钻井周期长等问题。此方面可借鉴俄罗斯使用经验，采用铝合金钻杆加底部动力钻具，实现高效率钻进。②低压、低渗油气藏及页岩气领域。在我国低压、低渗油气藏及页岩气勘探开发过程中，普遍采用水平井井身结构，水平段摩擦阻力大，钻机托压问题严重。可借鉴美国页岩气开发经验，采用铝合金钻杆进行工厂化丛式井作业，利用铝合金钻杆质量优势，解决低压、低渗油气藏及页岩气开发普遍存在的钻机托压等问题，实现低成本快速钻井，小钻机打深井。③高酸性油气藏领域。高酸性油气藏的勘探开发过程中，钢制钻杆特别是高钢级钻杆硫化氢应力腐蚀断裂造成的事故频发、井控风险高。采用优选的铝合金钻杆材料，降低硫化氢应力腐蚀断裂风险，提高钻井安全性。④海洋石油领域。海洋石油钻井中大位移井数量众多，平台对于钻柱质量的要求苛刻，借鉴俄罗斯及美国的开发经验，采用铝合金钻杆，可显著提高钻井效率、降低平台质量、提高钻井深度和降低成本。此外，对于可燃冰开采等最新领域，利用铝合金钻杆的质量轻、低温韧性好（最低可达-196℃不发生脆断）等优势是非常值得探究的应用方向。

5.1.3 高强度铝合金钻杆关键技术研究与应用

在中国石油天然气集团公司的支持下，由工程材料研究院牵头，联合重点油气田、制造企业及高校，从高强度铝合金钻杆的材料与结构出发，通过研究，突破了高强度铝合金钻杆材料组织控制技术、管体预拉伸欠时效处理技术、内加厚管体变截面加工技术等核心制造技术。建立了含铝合金钻杆的钻柱设计方法、铝合金钻杆整体结构设计方法、铝合金钻杆全尺寸实物评价方法、铝合金钻杆现场使用与维护方法等关键结构设计方法。

1. 高强度铝合金钻杆结构设计与校核技术

在系统现场调研及力学计算基础上，研究确定了铝合金钻杆整体结构(图5.8)及管体材料关键力学性能指标。考虑了所研究铝合金材料的弹性模型、剪切模型、泊松比、线膨胀系数及不同温度下铝合金材料的强度性能衰减等物理及力学特性，结合实际工况作业条件下具体钻杆几何特征数据及作业工艺特点，获得了高强度铝合金钻杆在不同井型工艺条件下的最大下深、最大抗扭、许用拉力、安全系数、不同水平段起下钻摩擦阻力等实物使用极限数据及计算方法。

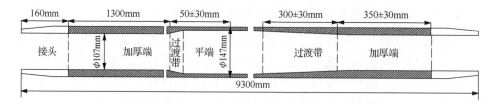

图 5.8 ϕ147mm×13mm 钢接头铝合金钻杆管体结构图

2. 高强度铝合金钻杆管体材料制备技术

利用有色金属合金理论及配套综合处理技术，设计开发了高强度铝合金钻杆管体材料及工艺体系。研究铝合金钻杆用管体的预拉伸变形欠时效处理生产制造技术，重点研究合金化的管体材料成分、强化固溶热处理工艺等，揭示了铝合金钻杆材料组织-成分-工艺-性能之间的关系，形成了铝合金钻杆管体材料理论体系。

针对高强度铝合金钻杆规格大、高壁厚、耐温性差等特点，在有色金属合金设计学理论基础上，通过实验室配料-熔炼-铸造-均匀化处理工艺研究-挤压工艺研究-固溶工艺-时效工艺研究-小试样力学性能测试-疲劳性能测试-耐腐蚀性能测试-高温热暴露试验-微观组织表征等研究方法及手段，系统开展了实验室内铝合金钻杆材料组织成分控制研究，获得了不同成分-组织-性能之间的关系研究，形成了高强度铝合金钻杆管体材料室内理论体系。图 5.9 为不同合金体系 460MPa（A55）级高强度铝合金钻杆 475℃×2h 均匀化处理后显微组织示意图。

基于实验室理论研究认识，在铝加工厂完成了工业化管材生产工艺研究（图 5.10），批量制备了高强度铝合金钻杆管体。通过熔炼-铸造-多级均匀化处理-变截面挤压成型-固溶强化-预拉伸-人工时效，研究了工业化高强度铝合金钻杆管体材料体系及系列热处理工艺。通过工艺组织调控研究，满足了厚壁铝合金钻杆的各项力学性能要求，获得了一套预拉伸变形固溶强化欠时效处理生产制造技术，在不改变工艺流程前提下提高管材的耐高温及疲劳等性能 50%以上。依据金属塑性成型原理，开发了变截面（变径）挤压工艺与设备，管体一次成型，加工效率和成材率提高 50%以上。

利用力学性能试验、疲劳试验、高温拉伸试验、高温高压反应釜、透射电子显微镜、原位扫描显微镜、差示扫描量热仪（differential scanning calorimeter，DSC）、OM 等方法，对小试样铝合金钻杆管体材料的力学性能、高温性能、疲劳性能、耐腐蚀性能及微观组织状态进行了系统研究，获得了预拉伸条件下相关的工艺-组织-性能之间的关系（图 5.11、图 5.12）。

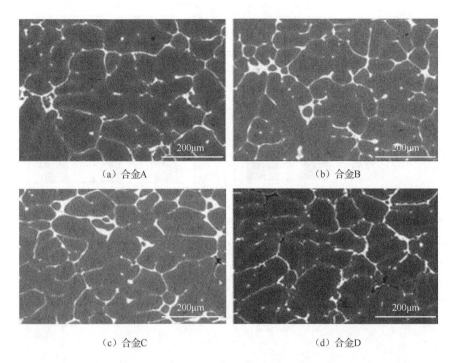

(a) 合金A   (b) 合金B

(c) 合金C   (d) 合金D

图 5.9 不同合金体系 460MPa（A55）级高强度铝合金钻杆
475℃×2h 均匀化处理后显微组织

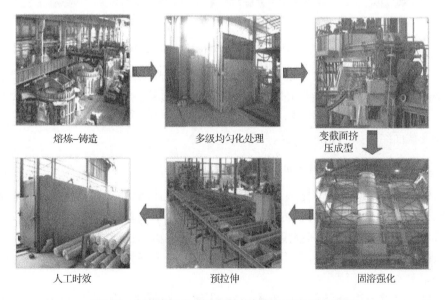

熔炼–铸造   多级均匀化处理   变截面挤压成型

人工时效   预拉伸   固溶强化

图5.10 高强度铝合金钻杆管体材料工业化制备流程

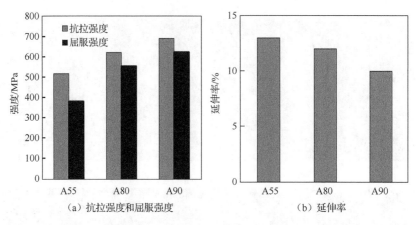

（a）抗拉强度和屈服强度　　　　　　　（b）延伸率

图 5.11　室内研制的不同合金系列铝合金钻杆管体材料力学性能

（a）T8（4%强拉伸+190℃/2h）时效态组织　　（b）T8态铝合金200℃热暴露500h后组织

图 5.12　工业化生产 A55 级高强度铝合金钻杆室温及热暴露后显微组织

基于有限元分析设计方法，设计了钻杆管体与接头螺纹连接结构，相比进口同类产品，实物密封性能提高 30%以上。利用异质接头不同温度下膨胀系数差异原理，开发了高强度铝合金钻杆接头低扭矩装配工艺。高强度铝合金钻杆连接技术及变截面结构如图 5.13 所示。

3. 铝合金钻杆适用性评价技术

针对深井、超深井等复杂工况条件及高强度铝合金钻杆结构特点，系统完成了全尺寸实物钻杆样品的抗内压、抗外挤、拉伸至失效、实物旋转弯曲疲劳试验等实物评价，获得了高强度铝合金钻杆的各项实物性能数据，揭示了各种工况条件下钻杆的结构-性能-寿命关系规律，形成了高强度铝合金钻杆性能评价方法。

针对大壁厚铝合金钻杆，开展了无损检测方法研究，解决了钻杆内加厚过渡截面检测效率低、结果无法解释等关键技术问题。针对铝合金钻杆内加厚结构及

图 5.13 高强度铝合金钻杆连接技术及变截面结构

油气井现场工况特点，设计了不同的试验评价方法，准确高效地获得了全尺寸实物样品的拉伸、抗内压、抗外压等性能极限数据。带螺纹连接的铝合金钻杆样品结构、实物拉伸装置及断口形貌如图 5.14 所示，带螺纹连接的铝合金钻杆实物外压至失效样品结构及失效形貌如图 5.15 所示，全尺寸内压至失效样品及失效形貌如图 5.16 所示。相关实物性能数据如表 5.3 所示。

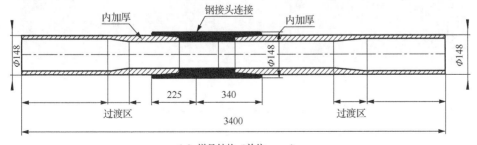

（a）样品结构（单位：mm）

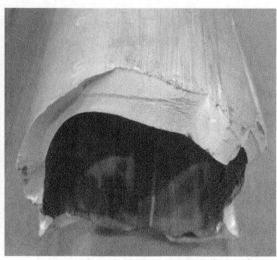

　　（b）实物拉伸装置　　　　　　　　　　（c）断口形貌

图 5.14　带螺纹连接的铝合金钻杆样品结构、实物拉伸装置及断口形貌

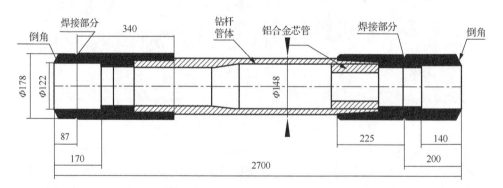

（a）失效样品结构（单位：mm）

（b）失效形貌

图 5.15　带螺纹连接的铝合金钻杆实物外压至失效样品结构及失效形貌

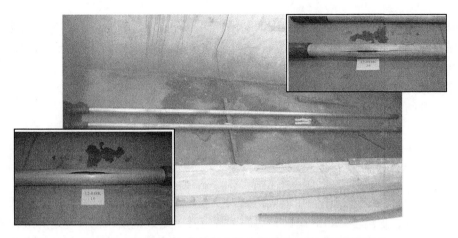

图 5.16 全尺寸铝合金钻杆实物内压至失效样品及失效形貌

表 5.3 ϕ147mm×13mm 钢接头铝合金钻杆实物性能数据

项目	抗内压强度/MPa	抗外压强度/MPa	抗拉极限载荷/KN
管体	78	78	2400
带螺纹连接样品	83.5	83.5	2402.6

4. 高强度铝合金钻杆现场应用

应用本项目研究成果，完成了高强度铝合金钻杆在中国石油塔里木油田的超深井钻井试验，LN2-S24-21X 井身结构及铝合金钻杆钻井现场如图 5.17 所示。现

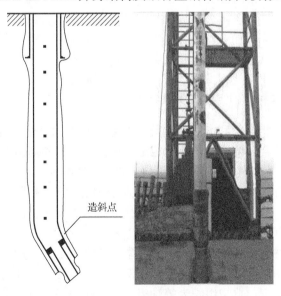

造斜点

图 5.17 LN2-S24-21X 井身结构及铝合金钻杆钻井现场

场钻井试验结果表明，与使用常规钢制钻杆比较，钻井效率提高了 25%，现场作业钻机负荷降低 30% 以上。实现了小钻机深井作业，钻机综合能耗降低 20% 以上，寿命延长 50% 以上，在 6000m 井段中，管柱拉伸安全余量提高 30% 以上，大幅提高了复杂井况条件下卡钻后的安全系数，保障了油气田企业的安全生产，避免了井漏、井喷、污染地层等恶性环境事故的发生。

5.2　钛合金钻杆

钛合金材料是 20 世纪 50 年代初投入工业化应用的"年轻"材料，具有低密度、高强度、耐温性好、耐腐蚀、耐疲劳等特点，是继钢铁、铝合金之后最为重要的金属结构材料。随着人们对于钛合金应用认识的提升及钛合金材料技术的进步，钛合金已经从起初主要应用于航空航天及军事等特殊领域逐渐过渡到冶金、机械、医疗等民用领域，特别是石油、化工等能源生产领域，近年来钛合金材料的研究与应用受到了各国学者的广泛关注。

在油气钻采领域，钛合金钻杆指管体采用钛合金材料制备的钻杆，其结构形式主要有，钢制接头钛合金钻杆和全钛合金钻杆。受国内技术发展水平及国际发达国家技术保护限制，钛合金钻杆属于高端先进技术管材产品，国内外尚无已公布的其相关核心技术通用技术标准可依。

为满足国内油气田企业对钛合金钻杆的需求，在中国石油科技管理部支持下，工程材料研究院联合渤海能克、中世钛业有限公司、中南大学、宝钛集团有限公司、东营威玛石油钻具有限公司等，共同开展国产化钛合金钻杆研制，从结构设计、材料选用与优化、加工制造、适用性评价、现场应用等方面开展了应用基础研究工作，为我国钛合金钻杆发展提供了重要技术支撑。

5.2.1　钛合金结构材料的组织分类及特点

按照钛合金的相组织和 β 相稳定元素含量，可将钛合金分为 α 型、$\alpha + \beta$ 型和 β 型三大类。钛合金结构材料基本相组织由低温 α 相和高温 β 相构成。其中 α 相是 Al 等合金元素在具有密排六方结构 α-Ti 中的固溶体，β 相是 V、Nb、Mo 等合金元素在具有体心立方结构 β-Ti 中的固溶体。此外，按照不同合金在实际生产中的工艺特点、晶格结构、原子位置、排列方式、相变机制、平衡状态等，钛合金常见的相还有 α' 相、α'' 相、ω 相、β_m 相、β' 相、α_2 相等[16]。

钛合金结构材料显微组织组成相的类型、形貌、尺寸、分布特点等差异较大，与其合金成分、加工变形及热处理工艺等密切相关。常见钛合金按照 α 相和 β 相的形态及其分布特征，典型组织为等轴组织、魏氏组织、双态组织和网篮组织，如图 5.18 所示。

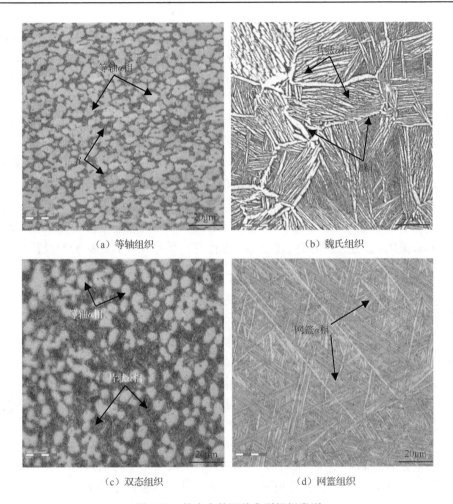

（a）等轴组织　　　　　　　　　　（b）魏氏组织

（c）双态组织　　　　　　　　　　（d）网篮组织

图 5.18　钛合金的四种典型组织类型

　　等轴组织的特点是微观组织中 α 相近似等轴状分布在 β 相基体上，且 α 相体积分数一般超过 30%。此类组织多见于在 β 转变温度为 30~100℃加热，经充分塑性变形及再结晶退火形成。一般而言，变形量越大、变形次数越多、温度越低，等轴 α 相体积分数越高。等轴组织具有良好综合性能，应用最为广泛，特别是其塑性、抗缺口敏感性、热稳定性和抗疲劳性能等较高，但冲击强度、断裂韧性、抗疲劳裂纹扩展及高温持久性能等稍差。

　　魏氏组织又称片层组织，其特点是原粗大 β 相晶界上分布着连续晶界 α 相，同时晶内分布着取向相同的片状 α 相条束集，原始 β 相晶界显著。此类组织多形成于 β 相区内较高温度长时间加热或开坯铸造时，此时组织细化不完全、变形量较小等。魏氏组织具有最高的蠕变抗力、持久强度和断裂韧性，但由于其原始晶粒粗大，且晶界上存在较多连续的 α 相，其塑性低，特别是断面收缩率低于其他组织。

双态组织特点是组织中存在位于原 β 相晶界上形成的等轴状 α 相和被晶内 β 相条束隔开的由 β 相转变的片状 α 相两种形态，其中等轴状 α 相体积分数不超过 30%。此类组织一般在 $\alpha+\beta$ 两相区的上部加热或者变形产生，也可通过两相区锻造形成等轴组织，再通过近 β 相区再结晶退火获得。双态组织性能兼具等轴组织和片状组织的优点，屈服强度、塑性、热稳定性和疲劳强度高于片状组织，持久强度、蠕变强度、断裂韧性和疲劳裂纹扩展速率等性能均优于等轴组织。特别是等轴 α 相体积分数在20%左右的双态组织具有较佳的强-塑-韧-热等综合性能匹配。

网篮组织特点是原始 β 相晶粒内 α 相呈片条状短束集交错成网篮状分布，原始 β 相晶界不显著，而且不出现或仅仅出现少量的颗粒状晶界 α 相。此类组织多见于在 β 相转变温度以上加热及变形，或在 $\alpha+\beta$ 两相区小变形量时形成。此类组织具有高的持久强度和蠕变强度，热强性好、断裂韧性高、疲劳裂纹扩展速率低，但相对等轴组织，其塑性、疲劳性能和热稳定性较低。

5.2.2　钛合金的热处理类型

热处理是调控钛合金性能匹配的重要手段，根据热处理中的组织形态、相变机制等可分为退火、固溶、时效、双重或多重热处理及形变热处理等。

退火热处理的基本特征是退火过程中不涉及或较少涉及合金的相变过程，是将钛合金加热到一定温度，保温炉冷或者空冷的过程。其主要目的是消除各类组织转变、加工等产生的内应力，调整晶粒协调变形能力，提高合金塑性及组织稳定性。按照加热温度，退火主要分为去应力退火和再结晶退火。去应力退火温度低于合金的再结晶温度，一般小于 700℃，时间取决于工件的内应力大小及分布等情况。再结晶退火可通过控制再结晶温度、时间调控合金的组织形态及性能匹配，达到消除加工硬化、稳定组织和提高塑性韧性等目的。

固溶热处理的基本特征是加热后的冷却过程中不发生或少发生马氏体相变，高温 β 相通过扩散机制转变为低温 α 相（次生和/或初生）并保留部分亚稳态 β 相或/和高温 β 相或/和过饱和 α 相。根据固溶温度不同，可分为 β 相区固溶和 $\alpha+\beta$ 两相区固溶，前者一般获得片层组织，后者一般获得双态或等轴组织。

时效热处理是钛合金强化的主要手段。固溶热处理后，由于其组织中含有过渡相或亚稳相等，需要通过时效热处理获得组织强化效果。在时效过程中组织转变一般以亚稳 β 相分解为时效 α 相和/或时效 β 相为主。固溶后组织的时效强化效果强烈依赖于对应组织中 α' 相和 α'' 相等过渡相或亚稳态 β 相的体积分数，过渡相或亚稳相越多，强化效果越显著。

双重或多重热处理主要有双重固溶时效、固溶双重时效、双重或多重退火等，其目的是通过组合各种热处理方式及优化在不同相区加热温度和时间，较为精确地调控各种相的形态、含量、尺寸、弥散度、晶粒度、稳定性及内应力等，获得具有所期望使用性能的组织匹配。

形变热处理是将形变工艺与热处理工艺结合，同时发挥形变强化与热处理强化的复合作用，得到单一强化方法无法匹配的组织与性能。目前主要有再结晶形变热处理、低温形变热处理等，随着钛合金组织控制的精细化，在高温相区和两相区的形变热处理工艺必然成为今后提高钛合金综合性能的发展方向。

5.2.3　能源开采用钛合金管材及装备材料

20 世纪 60 年代末，美国钛金属公司（Titanium Metals Corporation，TIMET）等公司对钛合金在海洋领域的应用研究工作开启了钛合金在航空航天等特殊领域外的商业化应用之门[17]。20 世纪 80 年代初，美国、日本等对钛合金在能源开采领域开展了大量应用基础研究，探索了 Ti-0.2Pd、Ti-2Pd、Ti-0.3Mo-0.8Ni 等 α 型合金，Ti-6Al-4V、Ti-3Al-2.5V、Ti-6Al-6V-2Sn、Ti-6Al-2Sn-4Zr-2Mo、Ti-6Al-2Sn-4Zr-6Mo 等 $\alpha + \beta$ 型合金及 Ti-3Al-8V-6Cr-4Mo-4Zr、Ti-11.5Mo-6Zr-4.5Sn、Ti-15Mo-5Zr-3Al 等 β 型合金的服役性能，并应用于石油测井用工具管材、地热开采井用生产套管材等领域[18,19]。

20 世纪 90 年代开始，美国、日本、德国、英国、挪威等国开展了大量钛合金在能源开采领域的应用研究[20-25]。其中以美国 RMI（RTI、ATEP）、TIMET、格兰特、雪弗龙公司、壳牌公司、贝克休斯公司，日本住友金属、新日铁，挪威 Conoco 等最为活跃，涉及的钛合金装备主要有钻杆、套管、油管、井下工具管、连续管、隔水管、导管、钻井立管、生产/注入立管、悬链线立管、锥形应力节、挠性管、阀门、球座、海水处理管线管、热交换器管、冷却系统管、流体管线管、海底脐带缆、紧固连接件、安全阀、压力容器、泥浆马达等。相关钛及钛合金在能源开采领域的应用如图 5.19 所示，其典型牌号、名义成分、性能等如表 5.4 所示。

（a）连续油管　　　　　　　　　　　　　　（b）隔水管系统

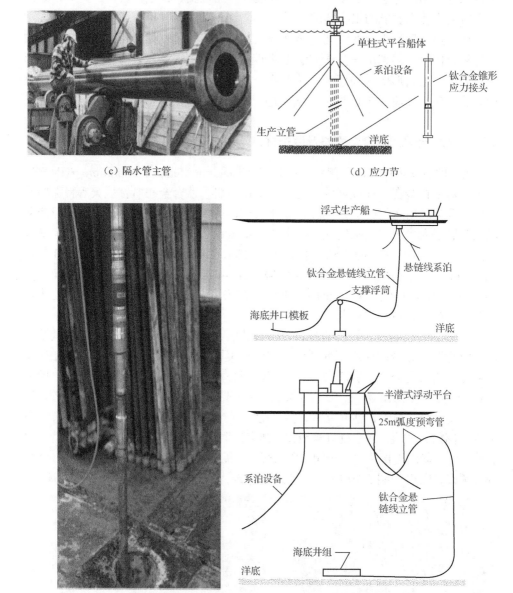

（c）隔水管主管

（d）应力节

（e）油管

（f）柔性管接头连接件

图 5.19　钛及钛合金在能源开采领域的应用[20-25]

表 5.4　能源开采用钛及钛合金管材及装备典型材料

ASTM 牌号或合金代号	UNS 合金牌号	合金名义成分	国家/公司	产品类型及规格等	应用地点	屈服强度/ksi	抗拉强度/ksi	延伸率/%
Gr.1	R50250	CP Ti	美国 RMI、TIMET 等	海水冷却、消防、压舱水系统和高盐/高水注入井用管、泵、阀门（研发），油气处理用热交换管，氯化物反应器用管，油水分离器罐，柔性管接头连接件	墨西哥湾、北海等海洋平台	25~40	35~50	20~24
Gr.2	R50400	CP Ti	美国 RMI、TIMET 公司等	海水冷却、消防、压舱水系统和高盐/高水注入井用管、泵、阀门（研发），油气处理用热交换管，氯化物反应器用管，油水分离器罐，柔性管接头连接件	墨西哥湾、北海等海洋平台			
Gr.5	R56400	Ti-6Al-4V	美国 RMI、TIMET 等	浮式平台生产立管系统用接头连接器、应力节，钻井立管系统用管（研发），测井工具用管，载人深潜作业系统用框架及承压罐，海水冷却消防、压舱水系统和高盐/高水注入井用系统用泵、阀门（研发），120ksi 钛合金钻杆	墨西哥湾、北海等海洋平台	120	130	10
Gr.9	R56320	Ti-3Al-2.5V	美国 RMI、英国 B.J. Services 公司	1.75in、2.5in 连续管、海底液压缠带缆用管、挠性立管系统用管（研发）	北海、墨西哥湾等海洋平台	70~90	—	15
Gr.12	R53400	Ti-0.3Mo-0.8Ni	美国 RMI	油气处理用热交换管，挠性立管系统用管（研发）	墨西哥湾、北海等海洋平台	50	70	18
Gr.18	R56322	Ti-3Al-2.5V-0.05Pd	美国 RMI	生产立管系统用管、水底管线管及脐带缆用管（研发）	—	—	—	—
Gr.19	R58640	Ti-3Al-8V-6Cr-4Mo-4Zr	美国 RMI	高盐地热井用 $8\frac{5}{8}$ in 及 $9\frac{5}{8}$ in 套管，水下生产系统用管材和管线管，安全阀构件，井下作业及测井工具用管，钻井和生产立管系统用管（研发）	索尔顿湖、墨西哥湾、北海等海洋平台	120~200	125~220	5~20

续表

ASTM 牌号或合金代号	UNS 合金牌号	合金名义成分	国家/公司	产品类型及规格等	应用地点	屈服强度/ksi	抗拉强度/ksi	延伸率/%
Gr.20	R58645	Ti-3Al-8V-6Cr-4Mo-4Zr-0.05Pd	美国 RMI	完井套管	美国索尔顿湖	130～170	—	—
Gr.23	R56407	Ti-6Al-4V-ELI（w_0 最大值为 0.13%）	美国 RMI、TIMET 等	油井管，浮式平台生产立管系统用接头连接器、应力节，钻井立管系统用管（研发），测井工具用管，载人深潜作业系统用框架及承压罐，海水冷却、消防、压舱水系统和高盐/高水注入井用系统用泵、阀门（研发）	墨西哥湾、北海等海洋平台	120	130	10
Gr.24	R56405	Ti-6Al-4V-0.05Pd	美国 RMI	生产立管系统用管、水底管线管（研发）	—	—	—	—
Gr.28	R56323	Ti-3Al-2.5V-0.1Ru	美国 RMI	油套管、连续管及高盐地热井用管材（研发）	—	90	110	16
Gr.29	R56404	Ti-6Al-4V-0.1Ru	美国 RMI	油井管，6～10in 动态立管（研发）	—	110	130	9～13
Ti6246	R56260	Ti-6Al-2Sn-4Zr-6Mo	美国 RMI、TIMET 等	测井工具、$4\frac{1}{2}$ in、$7\frac{5}{8}$ in 和 $9\frac{5}{8}$ in 高盐地热井用特殊扣套管	美国索尔顿湖地热井、墨西哥湾、北海等海洋平台	140	150	8
Ti6242	—	Ti-6Al-2Sn-4Zr-2Mo	美国 RMI、TIMET 等	测井工具	墨西哥湾、北海等海洋平台	120	130	10
—	—	Ti-6Al-4V-0.06Pd-0.5Ni	日本住友金属	$2\frac{7}{8}$ in 油管（研发）	墨西哥湾、北海等海洋平台	130	140	15
Ti-54M	—	Ti-5Al-4V-0.6Mo-0.4Fe	美国 TIMET	用于海水系统用管（研发）	—	120	135	—
TDA-111	—	Ti-Zr-Ni-Mo	美国 TIMET	高盐地热井用经济型套管	—	80～110	100～140	15～28

注：CP Ti 表示商用纯钛。

5.2.4 105ksi 钛合金钻杆研制

与传统钢制钻杆相比,高强度钛合金钻杆具有质量轻、刚度高、耐腐蚀及抗疲劳等特点,可显著降低钻机负荷和现场能耗,大幅提升钻井速度,是深井、超深井、短半径水平井及高酸性油气田钻井作业的利器。目前,这种高技术含量、高附加值产品在墨西哥湾等地区应用较为广泛,但仅美国等少数国家可以批量生产,且价格昂贵、供货周期长。

为满足国内油气田加大勘探开发力度的需求,2016 年,在国家科技重大专项所属"深井超深井高效快速钻井技术及装备"课题的支持下,中国石油集团石油管工程技术研究院牵头开展了国产化 105ksi 钛合金钻杆的研制。相关研究从复杂油气井钻柱的轻量化和长寿命设计出发,建立了含钛合金钻杆的管柱设计技术、钛合金钻杆结构关键性能指标选用与设计技术、钛合金钻杆适用性评价技术、钛合金钻杆现场使用与维护方法等四项关键核心结构设计与使用技术。突破了钛合金钻杆用材料组织控制技术、管体热处理技术、钛合金钻杆接头连接技术等三项核心制造关键技术。起草了石油天然气工业-钛合金钻杆国家标准。

1. 含钛合金钻杆的管柱设计、钻杆关键性能选用与结构设计技术

钛合金材料的弹性模量、剪切模量、泊松比、线膨胀系数等物理及力学特性与传统钢制钻杆显著不同。在强度理论基础上,考虑所研究钛合金材料的弹性模型、剪切模型、泊松比、线膨胀系数及不同温度下钛合金材料的强度性能衰减等物理及力学特性,结合实际工况作业条件下具体钻杆的几何特征数据及作业工艺特点,研究获得了钛合金钻杆关键性能指标,以及钻杆在不同井型工艺条件下的最大下深、最大抗扭、许用拉力、安全系数、不同水平段起下钻摩擦阻力等实物使用极限数据及计算方法。在钛合金钻杆关键性能指标研究基础上,完成了 105ksi 钛合金钻杆的总体结构设计,如图 5.20 所示。

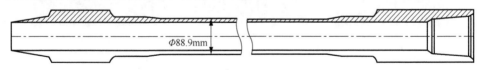

$\phi88.9mm$

图 5.20 105ksi 钛合金钻杆结构图

2. 钛合金钻杆材料及结构制备技术

基于现有合金设计理论及大量的室内小样本材料优选制备(图 5.21),设计开发了 105ksi 钛合金钻杆材料及工艺体系。重点研究了合金化材料配方,坯料锻造、热轧(挤压)等热加工,固溶时效、退火热处理等工艺,揭示了所研究钛合金钻杆材料成分-组织-工艺-性能之间的关系,初步形成了钛合金钻杆材料技术体系。

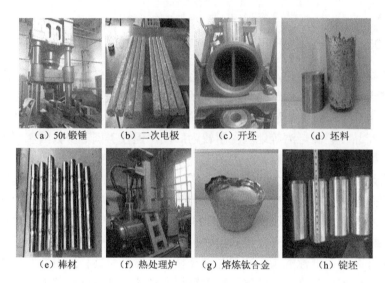

（a）50t 锻锤　　　（b）二次电极　　　（c）开坯　　　（d）坯料

（e）棒材　　　（f）热处理炉　　　（g）熔炼钛合金　　　（h）锭坯

图 5.21　钛合金钻杆室内小样本材料优选制备

　　基于实验室理论研究认识，针对高强度钛合金钻杆高壁厚、大规格、成材率低等特点，在加工厂完成了工业化管材生产工艺研究，钛合金钻杆管体挤压-轧制过程如图 5.22 所示，批量制备了高强度钛合金钻杆管体及接头。通过熔炼-锻造-热轧（挤压）成型-退火-温轧-固溶-热矫直-时效工艺等，研究了工业化高强度钛合金钻杆及系列处理工艺。通过工艺组织调控研究，满足厚壁钛合金钻杆的各项力学性能要求，获得了一套退火-固溶-时效处理生产制造技术，在不改变工艺流程前提下提高管材强韧性 30% 以上。

熔炼　　　　锻造　　　　热轧(挤压)成型

缺陷检测　　　　热矫直　　　　退火-温轧-固溶

图 5.22　钛合金钻杆管体挤压-轧制过程

　　利用力学性能试验、疲劳试验、高温拉伸试验、高温高压反应釜、透射电子显微镜（TEM）、原位扫描显微镜、DSC 差热分析、OM 等方法，对工业化生产的钛合金钻杆材料的力学性能、高温性能、疲劳性能、耐腐蚀性能及微观组织状态进行了系统研究，如图 5.23～图 5.25 所示，获得了优化的热处理工艺及钛合金钻杆服役行为规律。

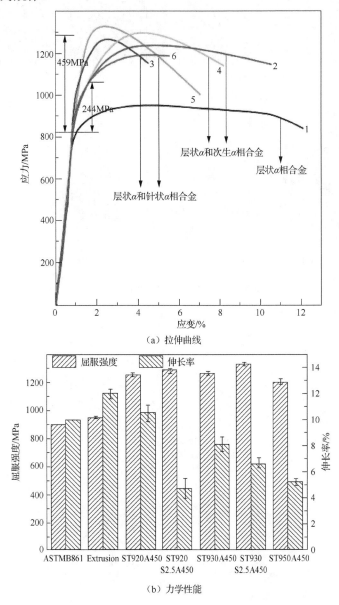

（a）拉伸曲线

（b）力学性能

图 5.23　不同热处理状态下钛合金钻杆拉伸行为

1:挤压态；2:ST920A450；3: ST920S15A450；4: ST930A450；5: ST950S15A450；6: ST950A450

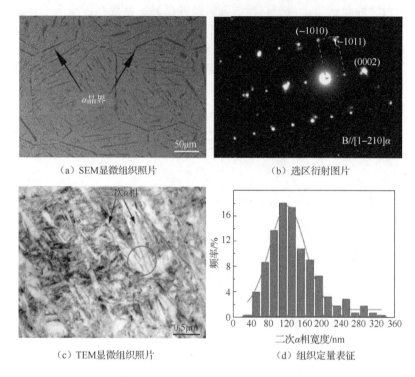

（a）SEM显微组织照片　　　　　　　　　（b）选区衍射图片

（c）TEM显微组织照片　　　　　　　　　（d）组织定量表征

图 5.24　钛合金钻杆微观组织及表征

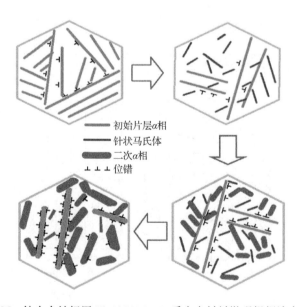

图 5.25　钛合金钻杆用 Ti-Al-V-Mo-Zr 系合金材料微观组织演变模型

3. 钛合金钻杆接头及连接技术

基于有限元分析设计方法，设计了钻杆管体与接头螺纹连接结构，获得的实物钻杆密封性能及抗扭性能相对 API 螺纹连接结构提高 30%以上。通过室内工艺模拟，优化了最佳的钛合金摩擦焊接工艺，开发了高强度钛合金钻杆接头摩擦焊装配工艺。钛合金/钢制钻杆接头在上扣-拉伸状态下的应力分析比对与摩擦焊接及焊缝组织如图 5.26、图 5.27 所示。

（a）钛合金钻杆接头应力分析（上扣）

（b）钛合金钻杆接头应力分析（拉伸）

（c）钢制钻杆接头应力分析（上扣）

（d）钢制钻杆接头应力分析（拉伸）

图 5.26　钛合金/钢制钻杆接头在上扣-拉伸状态下的应力分析比对

（a）接头摩擦焊接过程照片

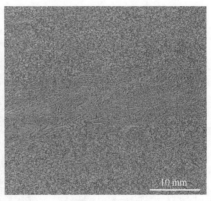

（b）接头焊缝组织照片

图 5.27　钛合金摩擦焊接及焊缝组织

4. 钛合金钻杆适用性评价技术

针对大壁厚钛合金钻杆，开展了无损检测方法研究，解决了钻杆内加厚过渡截面检测效率低、结果无法解释等关键技术问题。针对钛合金钻杆内加厚结构及油气井现场工况特点，设计了不同的试验评价方法，准确高效地获得了全尺寸实物样品的各项拉伸、抗内压、抗外压等性能的极限数据。钛合金管体样品拉伸至失效及断口形貌如图 5.28 所示，其中上卸扣试验样品如图 5.29 所示。

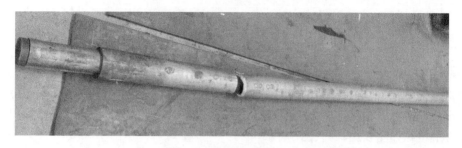

（a）失效管体宏观形貌

（b）断口形貌

图 5.28　钛合金管体样品拉伸至失效及断口形貌

图 5.29　钛合金管体上卸扣试验样品

5. 高强度钛合金钻杆现场应用

经充分准备,国产高强度钛合金钻杆于 2020 年 7 月在西北油田顺北区块顺利完成 2 口 6000m 以上超深短半径水平井的现场应用试验，累计进尺 408m，纯钻 14 万转，累计井下工作 336h，纯钻 195h，定向造斜段最大造斜率 22°/30m，钻井过程顺利，钛合金钻杆使用情况良好，钻进过程中未发生过载、刺漏、腐蚀及疲劳等失效事故。钛合金钻杆应用于西北油田顺北区块 TS3CX 及 TH12462X 超深短半径水平井的现场如图 5.30 所示。现场应用及评价结果显示，该产品各项性能指标完全符合技术规范和实际工况要求。

（a）TS3CX 钻井现场　　　　　　（b）TH12462X 超深短半径水平井钻井现场

图 5.30　钛合金钻杆应用于西北油田顺北区块 TS3CX 及 TH12462X 超深短半径水平井

参 考 文 献

[1]　杨尚谕, 李国韬, 冯春, 等. 基于深井/超深井的铝合金钻杆设计研究[C]. 西安: 油气井管柱与管材国际会议, 2016.

[2]　GELFGAT M Y, VAKHRUSHEV A V, BASOVICH V S, et al. Aluminium Pipes-A Viable Solution to Boost Drilling and Completion Technology[C]. Doha: International Petroleum Technology Conference, 2009.

[3]　冯春, 杨尚谕. 铝合金钻杆的特点及发展应用[J]. 石油管材与仪器, 2017, 3(4): 1-6.

[4]　梁健, 彭莉, 孙建华, 等. 地质钻探铝合金钻杆材料研制及室内试验研究[J]. 地质与勘察, 2011, 47(2): 304-308.

[5]　吕拴录, 骆发前, 周杰, 等. 铝合金钻杆在塔里木油田推广应用前景分析[J]. 石油钻探技术, 2009, 37(3): 74-77.

[6]　唐继平, 狄勤丰, 胡以宝, 等. 铝合金钻杆的动态特性及磨损机理分析[J]. 石油学报, 2010, 31(4): 684-688.

[7]　刘宝昌, 孙永辉, 孙友宏, 等. Φ147mm 铝合金钻杆抗内外压强度试验研究[J]. 探矿工程(岩土钻掘工程), 2016, 43(4): 63-66.

[8]　曹宇. 铝合金钻杆变断面管体挤压成型及螺纹优化研究[D]. 长春: 吉林大学, 2013.

[9]　毛建豪. 铝合金钻杆杆体与钢接头过盈连接热组装工艺数值模拟及试验研究[D]. 长春: 吉林大学, 2014.

[10]　丁超豪. 铝合金钻杆材料的腐蚀性能研究 [D]. 长春: 吉林大学, 2015.

[11]　王小红, 郭俊, 闫静, 等. 铝合金钻杆材料生产工艺及磨损研究进展[J]. 材料热处理学报, 2013, 34(S1): 1-6.

[12] 舒志强, 欧阳志英, 袁鹏斌, 等. 高强度铝合金钻杆的拉伸试验方法[J]. 理化检验-物理分册, 2014, 50(2): 106-110.

[13] 王勇, 余荣华, 高连新, 等. 铝合金钻杆接头装配过盈量优选[J]. 石油机械, 2015, 43(5): 22-27.

[14] 冯春, 宋生印, 冯耀荣, 等. 一种超深井用超高强度铝合金钻杆管体及其制造方法: 201410693499.9[P]. 2016-08-24.

[15] 冯春, 刘永刚, 韩礼红, 等. 一种580MPa级铝合金钻杆用管体及其制造方法: 201410855573.2[P]. 2017-01-25.

[16] 赵永庆, 陈永楠, 张学敏, 等. 钛合金相变及热处理[M]. 长沙: 中南大学出版社, 2012.

[17] FEIGE N G. Titanium for Marine Applications[C]. Houston: Offshore Technology Conference, 1970.

[18] DOOLEY G J. Titanium Alloy Candidate Materials for Oilfield Applications[C]. New Orleans: SPE Drilling Conference, 1983.

[19] HOLLIGAN D, CRON C J, LOVE W W, et al. Performance of Beta Titanium in a Salton Sea Field Geothermal Production Well[C]. New Orleana: SPE/IADC Drilling Technology Conference and Exhibition, 1989.

[20] OKADA M, KURODA A, KITAYAMA S, et al. A New High-Strength and High-Corrosion-Resistant Titanium Alloy for Oil Well Use[C]. Oklahoma City: SPE Conference, 1991.

[21] SCHUTZ R W, WATKINS H B. Recent developments in titanium alloy application in the energy industry[J]. Materials Science and Engineering A, 1998, 243: 305-315.

[22] SMITH J E, SCHUTZ R W, Bailey E I. Development of Titanium Drill Pipe for Short Radius-Drilling[C]. New Orleana: SPE Drilling Technology Conference and Exhibition, 2000.

[23] ELISABETH H. Trstad and Andreas Echtermeyer, Det Norske Veritas. Application of Titanium and FRP in Deep Water[C]. Houston: Offshore Technology Conference, 1999.

[24] GONZALEZ M. Titanium Alloy Tubing for HPHT Applications[C]. Denver: SPE Annual Technology Conference and Exhibition, 2008.

[25] MACDONALD W D. Development of New Titanium Alloys for Use in Aggressive Geothermal Environments[C]. Houston: Corrosion, 2019.

第6章　表面工程技术

油气井管材在服役过程中，因环境介质作用产生的磨损、腐蚀等表面损伤极大降低了管柱的服役寿命。油气井管材表面工程技术是利用各种表面技术改变管材本体表面的物理、化学等特性，降低管材表面服役损伤，延长管柱服役寿命的技术总称。

我国油气井管材表面工程技术自 20 世纪 80 年代发展，近年来，在涂镀层等部分技术领域取得一定的成果。受技术发展水平等因素限制，当前整体仍处于起步和探索阶段，技术多通过从发达国家技术引进或代加工等方式取得，存在自主创新产品较少、质量稳定性不佳、国外相关核心技术严格保密、获取困难等问题。

本章内容按照表面工程技术分类，归纳整理了当前各类油气井管材表面技术类型。在此基础上根据作者科研实践，详细介绍了新近开发的注水井油管表面涂覆用石墨烯增强环氧涂层技术，希望能够为我国油气井管材表面工程技术领域的科技进步提供参考和借鉴。

6.1　表面工程技术在油气井管材中的新应用

油气井管材表面工程技术主要包括表面涂覆、表面处理和表面改性等。本节内容结合当前油气井管材领域表面工程新技术的应用情况，进行归类介绍。值得指出的是，表面工程技术属于新发展的学科，其分类方法众多、新技术发展较快，且为了获得更加良好的服役性能，对于同一种产品交叉复合使用多种表面工程技术，对于具体工艺机理需在实际制造过程中深入研究分析。

6.1.1　表面涂覆技术

表面涂覆技术主要指在管材本体表面形成一层新的覆盖层，覆盖层与基体之间有明显分界面的技术。油气井管材表面涂覆主要可分为以下几类：涂装、电镀、化学镀、内衬及复合、堆焊、热喷涂、熔覆、热浸镀、气相沉积[溅射、离子镀、化学气相沉积（chemical vapor deposition，CVD）]等。

1. 涂装

油气井管材涂装主要指采用气体喷涂、静电喷涂等工艺将有机涂料涂覆在本体材料表面形成涂层的方法。涂料一般由基料树脂、颜填料、助剂、溶剂等组成。

其中基料主要由环氧树脂、酚醛树脂、聚氨酯、聚脲等各类有机分子及高分子材料构成。按照涂层制备工艺中涂料状态可分为溶剂型、粉末型和水溶型三类。常用油管、钻杆内涂层产品如图6.1所示。

图 6.1 油管、钻杆内涂层产品

环氧树脂类有机涂层是当前油气井管材中使用最广泛的涂层类型，主要采用双酚A型环氧树脂为基料。双酚A型环氧树脂结构简式如图6.2所示，主要在溶剂及助剂中加入各类颜填料及改性树脂，通过固化剂与环氧基团反应热固形成。常用改性树脂主要有酚醛树脂等，常用填料主要有钛白粉、炭黑等，常用溶剂有二甲苯、正丁醇、环己酮等，助剂和固化剂主要有硅烷偶联剂、消泡剂、流平剂等。管材涂层制备工艺主要包括基管表面预处理、喷涂和固化等。管材涂层制备工艺流程如图6.3所示。

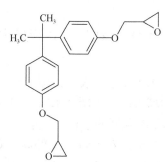

图 6.2 双酚A型环氧树脂结构简式

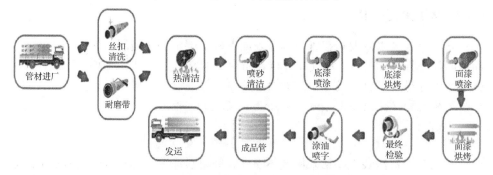

图 6.3 管材涂层制备工艺流程示意图

2. 电镀

电镀（电化学沉积）是指通过施加电场，利用电解作用使镀覆材料沉积于基体材料表面形成镀覆层的方法。油气井管材设计的电镀涂覆材料主要有 Cu、Ni、W 等。

当前以 Ni-W 等电化学沉积合金镀层为代表的电镀类表面涂覆油气井管材发展迅速，越来越受到各油气田企业的关注。Ni-W 合金镀层管材及微观组织如图 6.4 所示。与有机涂层类产品相比，电镀类涂层硬度高，表面热处理后硬度可达 760～1100HV，界面结合强度高于有机涂层[1]。管材电镀工艺主要包括管材表面喷砂、酸洗、活化、电化学沉积、表面热处理等流程。表面镀层主要由 Ni 层、Ni-W 层、Ni-W-Fe 过渡层等构成，其合金元素质量分数范围一般为 Ni 10%～30%，W 10%～30%，Fe 20%～30%，其他元素为 P、C 等。

（a）宏观照片　　　　　　　　　　　　（b）微观金相组织

图 6.4　Ni-W 合金镀层管材及微观组织

3. 化学镀

化学镀（化学沉积）是在无外加电流下，通过金属催化作用将镀液中涂覆材料的金属离子还原为镀层金属并沉积在基体材料表面形成镀覆层的方法。

Ni-P 镀等化学镀技术是最早应用于油气田的表面涂覆技术，Ni-P 镀层硬度高，镀层均匀性好，耐蚀性优良，某油田 Ni-P 镀涂层油管服役 30 月前后组织照片如图 6.5 所示。20 世纪 80 年代开始，该技术已在中东、美国等地区的油气井获得了应用，主要用来解决环境腐蚀等造成的油气田管材表面损伤问题。我国 20 世纪 90 年代开始在油气田应用该技术，在不断的实践基础上获得了整体技术的应用突破，为我国大庆、新疆、胜利等油气田的管材高效服役做出了贡献。

管材螺纹表面镀铜是近年来在油气井管材螺纹连接处表面涂覆中应用较广泛的技术，该技术可有效防止螺纹粘扣、提高特殊螺纹连接结构管材的气密封性能。油套管接箍内螺纹镀铜形貌及界面微观形貌如图 6.6 所示。

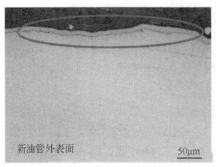

（a）制备态新油管外表面　　　　　　　　（b）服役30月后旧油管外表面

图 6.5　某油田 Ni-P 镀涂层油管服役 30 月前后组织照片

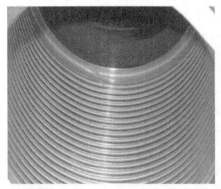
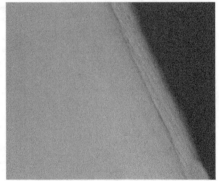

（a）油套管接箍内螺纹镀铜形貌　　　　　　（b）镀层与基体界面微观形貌

图 6.6　油套管接箍内螺纹镀铜形貌与界面微观形貌

4. 内衬及复合

内衬是利用耐蚀金属及非金属材料良好的化学稳定性和耐腐蚀性能，将不锈钢等耐蚀合金或高密度聚乙烯等非金属材料穿插在原有油管等管材表面形成"管中管"复合结构的一种技术。

非金属内衬技术主要利用冷缩颈工艺将内衬管插入管材内部，再通过加热或压缩空气使内衬管胀大，从而机械复合于管材表面，然后对管材端部进行翻边处理起到加强密封作用。聚乙烯内衬管结构示意图及螺纹连接处实物形貌如图 6.7 所示。

双金属复合技术主要通过机械或冶金的方式复合，该技术当前尚处于研发阶段。其中，通过冶金复合的双金属复合管产品，具有较好的界面结合力、耐蚀性、耐温性等综合性能，具有十分广泛的应用前景。

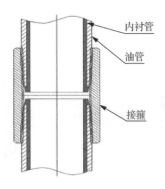
（a）聚乙烯内衬管结构示意图

内衬管
油管
接箍

（b）螺纹连接处实物形貌

图 6.7 聚乙烯内衬管

5. 堆焊

堆焊是将具有一定使用性能的材料借助热源熔覆在本体材料的表面，并赋予母材特殊使用性能或恢复原有结构使用性能的方法。钻杆接头堆焊耐磨带及井下工具等离子堆焊层形貌如图 6.8 所示。通过堆焊工艺形成的钻杆接头堆焊耐磨带，表面硬度可达 HRC60 以上，显著提高了钻杆的使用寿命[2]。耐磨带材料主要由铁基合金组成，典型成分体系有 Fe-Cr-Mn-Mo、Fe-Cr-C、Fe-Ni-Nb 等。

（a）钻杆接头堆焊耐磨带

（b）井下工具等离子堆焊层形貌

图 6.8 钻杆接头堆焊耐磨带及井下工具等离子堆焊层形貌

6. 热喷涂

热喷涂是利用热源将喷涂材料加热到熔融状态，通过焰流或高速气体喷射到金属表面形成涂覆层的一种技术。依据热源不同，热喷涂技术主要包括火焰、电弧、等离子等方法，火焰与等离子喷涂原理示意图及井下工具接头表面热喷涂过程如图 6.9 所示。热喷涂具有施工方便、不受基体材料和喷涂材料限制、厚度覆盖范围大、涂层性能选择性大等优点。

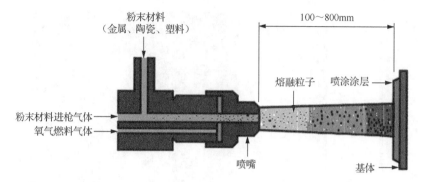

（a）火焰喷涂原理示意图

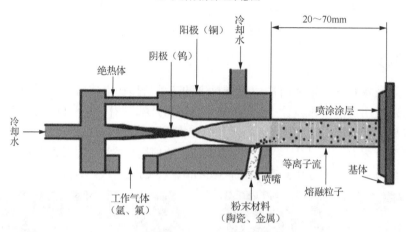

（b）等离子喷涂原理示意图

（c）接头表面热喷涂

图 6.9　火焰、等离子喷涂与接头表面热喷涂

7. 熔覆

熔覆工艺是通过不同加热方式将预先埋置在本体材料表面的熔覆层材料融化后快速冷却与基体凝结的方法。根据具体加热方式不同，可分为火焰熔覆、感应熔覆、激光熔覆。钛合金钻杆接头激光熔覆耐磨带及熔覆层形貌如图 6.10 所示。

 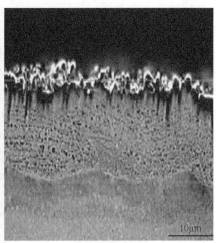

（a）钛合金钻杆接头激光熔覆耐磨带　　　　　　　（b）熔覆层形貌

图 6.10　钛合金钻杆接头激光熔覆耐磨带及熔覆层形貌

8. 热浸镀

热浸镀是指将基体材料浸入熔融的表层金属材料熔体中，使其表面浸润覆盖形成浸镀层的方法。正在研发的管材热浸镀工艺主要有抽油杆、油套管的热浸镀铝等。表面浸铝抽油杆及油管实物样品如图 6.11 所示。

（a）抽油杆　　　　　　　　　　　　　　　（b）油管

图 6.11　表面浸铝抽油杆及油管

9. 气相沉积

气相沉积包括物理气相沉积和化学气相沉积。物理气相沉积是指通过蒸发、电离、溅射等方式使覆镀层材料沉积于基体表面的方法，主要有真空镀、溅射、离子镀等类型。化学气相沉积（CVD）是将形成覆膜层的多种物质源通过加热、反应、载气等方式转变为气相为主的反应源，并利用加热、离子激励或辐照等方法加速化合物反应与沉积以获得致密覆膜层的技术，主要有 CVD、等离子体增强 CVD、激光 CVD 等类型。与物理气相沉积相比，化学气相沉积速率较低，一般小于 1μm/h，远低于真空蒸镀，其沉积速率最大可达 70μm/h。等离子体增强 CVD 技术可在低温下沉积耐熔金属及类金刚石等碳/氮化物覆膜层。油管等离子体增强 CVD 原理及等离子溅射管材内壁膜层形貌如图 6.12 所示。

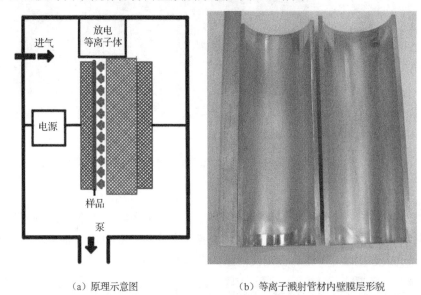

（a）原理示意图　　　　　　　　（b）等离子溅射管材内壁膜层形貌

图 6.12　油管等离子体增强 CVD

6.1.2　表面改性技术

表面改性是指通过物理、化学方法改变基本材料表面层的化学成分以获得期望性能的表面渗/膜层的方法，表面改性层与基体间为冶金或化学共生结合，无明显界面。包括扩渗（表面合金化）、离子注入、转化膜等。

1. 扩渗

扩渗（表面合金化）属于金属的化学热处理，是将扩渗材料沉积在基体金属表面上，通过扩散作用渗入基体表面，对基体表面的化学组成及相结构进行改性，获得具有所需性能渗层的方法。扩渗主要有渗氮、渗硼、渗铝、渗锌、渗铬等。渗铝及渗锌界面金相组织如图 6.13 所示。

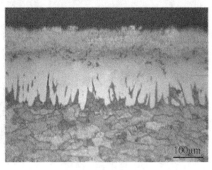

（a）管材本体渗铝微观组织　　　　　　　（b）管材螺纹渗锌微观组织

图 6.13　渗铝及渗锌界面金相组织

2. 离子注入

离子注入是指通过热、电等方式将表面改性所需元素的源物质激发离子化，利用磁场等对离子束筛选后采用电场加速注入基体材料表面形成改性膜层的方法。离子注入原理如图 6.14 所示。离子注入技术膜层深度有限，一般小于 $0.1\mu m$。由于注入离子元素类型多样，表面改性层与基体无明显界面，尺寸精度易于控制，表面改性后的材料在提升其耐蚀、耐磨性能的同时，材料表面光洁度、尺寸公差等也不受影响。

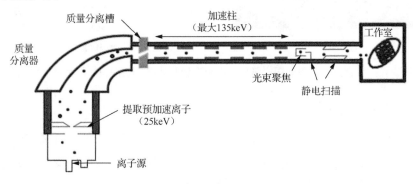

图 6.14　离子注入原理图

3. 转化膜

转化膜技术是通过化学或电化学方式使材料基体表面与成膜介质直接反应生成表面改性膜的方法。根据成膜介质类型，主要有氧化物膜（氧化）、磷酸盐膜（磷化）、铬酸盐膜（钝化）等。化学磷化膜和电化学磷化膜的微观形貌如图 6.15 所示[3]，铝合金钻杆表面阳极氧化层微观形貌及其不同改性膜层耐磨性能对比如图 6.16 所示。

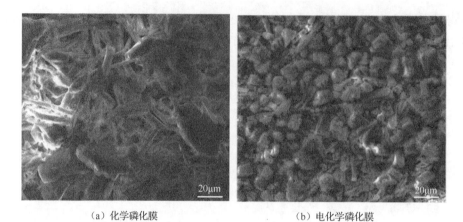

（a）化学磷化膜　　　　　　　　　　　（b）电化学磷化膜

图 6.15　化学磷化膜和电化学磷化膜的微观形貌[3]

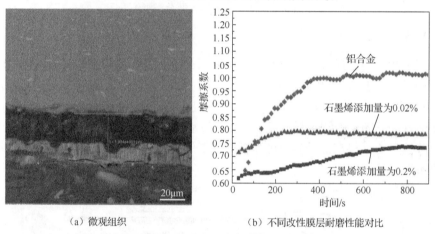

（a）微观组织　　　　　　　　　　（b）不同改性膜层耐磨性能对比

图 6.16　铝合金钻杆表面阳极氧化层微观形貌及其不同改性膜层耐磨性能对比图

6.1.3　表面处理技术

　　表面处理是指在不改变基体材料表面化学成分的情况下，通过施加温度、压力等方式，调整基体材料表层的组织、结构、应力等获得具有所需表面处理层性能的方法。主要有表面变形强化、表面热处理等工艺。

1. 表面变形强化

　　表面变形强化包括喷丸（砂）、辊压、冷锻等。其中，喷丸（砂）强化是最常见的管材强化和处理方法，通过压缩气体携带或离心加速等方式，将大量高速运动的弹丸或砂粒连续喷射到基体材料表面，使表面产生塑（弹）性变形，获得一定厚度（1mm 以下）的硬化处理层。喷丸（砂）原理及效果示意图如图 6.17 所示。

喷丸（砂）处理既可用于材料表面污染物清理又可显著细化表层材料组织及产生压应力层等，进而显著提高材料抗疲劳等服役性能。

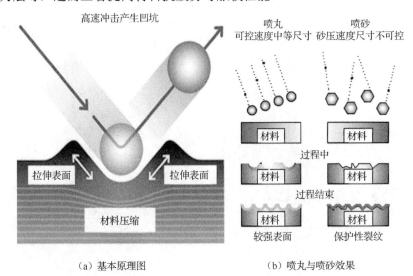

（a）基本原理图　　　　　　　　（b）喷丸与喷砂效果

图 6.17　喷丸（砂）原理及效果示意图

2. 表面热处理

表面热处理是指通过感应、火焰、激光等加热方式对基体材料表层组织热处理以调节其表层组织和应力分布等的表面处理方法。抽油杆表面淬火热处理及表层腐蚀后宏观差异如图 6.18 所示。

（a）抽油杆表面淬火热处理　　　　（b）抽油杆心部和表层腐蚀后宏观组织差异

图 6.18　抽油杆表面淬火热处理及表层腐蚀后宏观组织

6.1.4　其他处理技术

近年来，通过综合利用表面涂覆、表面改性、表面处理等技术特点，新型的表面工程技术呈增长趋势，主要有陶瓷自蔓延技术、等离子体注入沉积技术等。

1. 自蔓延陶瓷内衬

自蔓延陶瓷内衬是通过铝热剂在高温下形成 Al_2O_3 刚玉陶瓷，采用离心涂覆等方法形成陶瓷覆盖层后，通过扩散形成 Fe-Al 化合物过渡结合层的方法。自蔓延陶瓷内衬管材结构如图 6.19 所示。自蔓延陶瓷内衬具有耐磨性佳、内衬层厚度变化范围大、结合力佳等优点，特别是对于带有表面损伤的旧油管再制造具有较大应用前景。

(a) 实物油管宏观结构　　　　　　　(b) 不同界面结构

图 6.19　自蔓延陶瓷内衬管材结构

2. 等离子体注入沉积

等离子体注入沉积是综合利用等离子体注入和气相沉积原理，通过改变基体表层化学成分并沉积等离子体膜层等，并在保证基体结合力的条件下提升覆盖膜层厚度的方法。等离子体沉积注入技术现场施工及示意图如图 6.20 所示。

(a) 现场施工

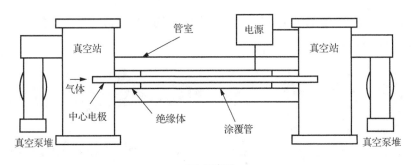

（b）示意图

图 6.20　等离子体沉积注入技术

6.2　注水井油管表面涂覆用石墨烯涂层

石墨烯材料具有优异的力学、光学和电学等特性，在材料学、微纳加工、能源和生物医学等方面具有重要的应用前景，被认为是一种革命性的材料。

本节介绍了石墨烯材料的结构特点、制备方法、改性方法，以及石墨烯涂层制备技术。在此基础上，结合作者的科研实践，较为详细地介绍了一种注水井油管表面涂覆用石墨烯增强环氧涂层的服役条件、涂层设计思路、制备流程、性能评价方法及评价结果。

6.2.1　石墨烯材料

1. 石墨烯的结构特点

1985 年和 1991 年相继发现了富勒烯和碳纳米管后，有关碳纳米材料的研究就成为研究热点。碳材料从其结构上可以分为三维的金刚石和石墨，一维的碳纳米管，零维的富勒烯，但是二维的碳材料一直未曾发现。直到 2004 年英国曼彻斯特大学的 Novoselov 和 Geim 小组利用胶带剥离热解石墨得到石墨烯二维材料，才填补了这一空白。

按照国际标准化组织 ISO/TS 80004-13：2017 标准[4]对术语的定义，石墨烯是由一个碳原子与周围三个近邻碳原子结合形成蜂窝状结构的碳原子单层。石墨烯层间 C—C 距离 0.142nm，层间距 0.35nm。

部分研究成果表明，石墨烯本征强度达 130GPa，断裂应变约为 25%，弹性模量可达 1.1TPa，断裂强度约为 125GPa，抗拉强度可达 $42N/m^2$，按照二维强度极限推算约为普通钢的 100 倍。石墨烯的室温热导率约为 $5×10^3W/(m·K)$。石墨烯的理论比表面积可达 $2630m^2/g$，面密度为 $0.77mg/m^2$。石墨烯电子迁移率可达

$2 \times 10^5 \text{cm}^2/(\text{V} \cdot \text{s})$，电导率可达 10^6s/m，面电阻率约为 $31\Omega/\text{sq}$[4-6]。石墨烯材料的结构如图 6.21 所示。

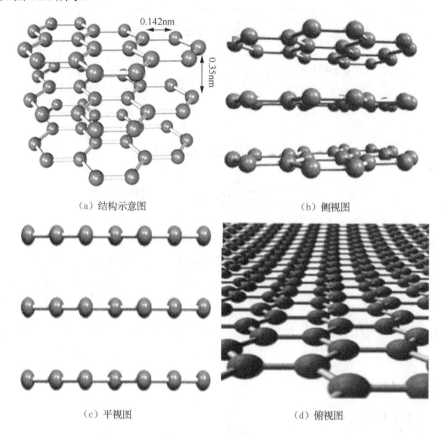

（a）结构示意图　　　　　　　　　（b）侧视图

（c）平视图　　　　　　　　　（d）俯视图

图 6.21　石墨烯材料结构示意图及不同视角结构

按照石墨烯的层数、堆叠、官能团、形态及制备产物特点，石墨烯材料主要有单层石墨烯（1 layer graphene，1LG）、双层石墨烯（2LG）、三层石墨烯（3LG）、少层（3～10 层之间）石墨烯（few layers of graphene，FLG）、扭转双层石墨烯（twisted bilayer graphene，TBLG）、氧化石墨烯（graphene oxide，GO）、还原氧化石墨烯（reduced graphene oxide，RGO）、石墨烯纳米带（graphene nanoribbon，GNR）、石墨烯量子点（graphene quantum dots，GQDs）、石墨烯纳米片（graphene nanosheets，GNS）、石墨烯薄膜（graphene film）、石墨烯粉体（graphene powder）、石墨烯浆料（graphene dispersion）等。

2. 石墨烯材料制备方法

石墨烯材料常见制备方法主要有以下六种。

（1）机械剥离法。指通过施加物理机械力将石墨晶体解离制备石墨烯材料的方法[7,8]。机械剥离的石墨烯质量高，但产物尺寸不易控制，一般用于石墨烯的性质研究，产量低，工业化批量制备难度较大。

（2）氧化还原法。石墨经氧化、剥离、还原等工艺环节制备成石墨烯材料的方法，主要包括 Hummers 法、Standenmaier 法、Brodie 法等[9,10]。其基本过程主要是将石墨片分散在强氧化性混合酸中，如浓硝酸和浓硫酸，然后加入高锰酸钾或氯酸钾等强氧化剂氧化得到氧化石墨水溶胶，再经过超声处理得到氧化石墨烯，最后通过还原得到还原氧化石墨烯。这种方法制备的石墨烯粉末缺陷相对较多，但生产效率高，成本低，易于实施石墨烯改性，是目前最常用的石墨烯制备方法。氧化还原法原理及石墨基本处理过程如图 6.22 所示。

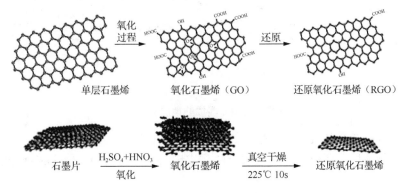

图 6.22　氧化还原法原理及石墨基本处理过程示意图

（3）CVD 法。在一定温度下含碳元素气体在衬底（铜、镍等）表面或气相中分解并沉积生成石墨烯材料的方法[11]。CVD 法制备的石墨烯薄膜缺陷相对较少，质量高，可大规模生产，但制造成本相对较高。

（4）热裂解法。在一定温度下将含有碳元素的化合物（如碳化硅、生物质或聚合物等）通过热裂解的方式生成石墨烯。该方法制备的石墨烯片质量较高但薄片不易与基底分离，生产效率相对较低。

（5）插层剥离法。将其他原子或分子（溴、氯化铁、有机分子等）插入石墨层间，进而将石墨解离制备石墨烯材料的方法[12]。典型石墨烯的插层剥离法如图 6.23 所示。

（6）液相剥离法。在水、N-甲基吡咯烷酮、二甲基甲酰胺等溶剂中通过超声、高压液流等方式将石墨解离制备石墨烯材料的方法。液相剥离法制备的石墨烯不会像氧化还原法那样破坏石墨烯结构，可制备高品质石墨烯。

石墨烯是全部由碳原子构成的具有化学稳定性和热稳定性的片状纳米材料，由于其超大的比表面积和分子间作用力的共同作用，石墨烯极易团聚，且其团聚后很难通过剪切和超声的方法分散均匀。向高分子材料中添加纳米材料以改善其性能时，纳米材料在高分子材料中有优良的分散性是其前提条件。实际应用中

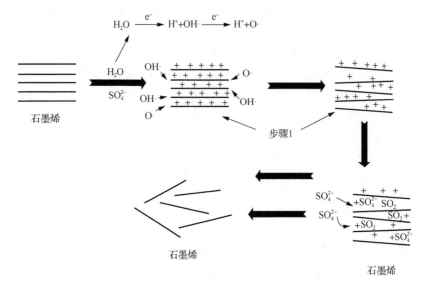

图 6.23　典型石墨烯的插层剥离法[12]

往往通过对石墨烯及其中间衍生物氧化石墨烯进行改性，以提高其在溶剂或基体材料中的分散性，还可引入特定官能团，实现石墨烯材料的功能化和良好的使用性能。

改性石墨烯是在石墨烯表面或内部通过化学改性（共价键改性）、物理改性（非共价键改性）及元素掺杂改性等方式，引入其他原子、分子或官能团的单层、双层或多层石墨烯，常见改性方法包括氧化、氢化、氟化、碘化或异质掺杂等。

迄今为止，石墨烯已经被成功地引入环氧树脂、聚烯烃等聚合物基体中，为了获得与多种基体更为良好的相容性及性能匹配性，如何功能化石墨烯表面、设计石墨烯片层的形貌及分布、调控石墨烯与基体材料间的界面作用力仍是此领域亟待解决的问题。

石墨烯改性涉及有机化学、高分子化学、无机化学、材料科学、力学、物理学、工程技术等众多学科交叉领域，改性后的石墨烯性能和结构的关系有许多方面仍不明确，有待进一步研究和探索。

6.2.2　石墨烯改性有机涂层成分与工艺

1. 涂料组分

涂料是一种涂覆在基体材料表面并能形成牢固复合的连续薄膜的配套性工程材料。除部分特殊涂料，如粉末涂料和光固化涂料等，现代涂料主要由成膜物质（基料）、颜料、溶剂、助剂组成。

基料是组成涂料的基础，具有黏结涂料中其他组分的作用，对涂料和涂膜的性质起着决定性作用。现代涂料基料主要是以一种或几种树脂改性而成。按照涂料成膜物质本身结构及形成涂膜的结构，可分为非转化型和转化型两类。

颜料是指具有着色、遮盖、填充、防腐、导静电、防污等特殊功能的不被溶解或反应的粒状物质。主要有着色颜料、体质颜料、防锈颜料和功能颜料等。

溶剂用来溶解树脂、降低黏度以改善施工的性能。按照挥发性可分为水和溶剂。按照氢键强弱形式，溶剂分为弱氢键溶剂（烃类、氯代烃）、氢键受体型溶剂（酮类、脂类）和氢键授给型溶剂（醇类）。按照溶剂作用，可分为真溶剂、助溶剂、稀释剂。

助剂（添加剂）在涂料的生产、存储、施工和成膜阶段发挥着不同作用，对涂料质量和漆膜性能影响极大。主要有润湿剂、分散剂、消泡剂、催干剂、固化剂、稳定剂等。

按照应用情况，现代防腐涂料主要有沥青漆、醇酸树脂、丙烯酸、有机硅树脂、环氧树脂、聚氨酯、氟树脂、聚脲等类型。重防腐涂料是在现代防腐涂料基础上开发的，主要品种有高固含量涂料、无溶剂涂料、水性涂料、富锌漆、玻璃鳞片、超耐候涂料等。

石墨烯作为涂层的增强材料，主要是以纳米填料的形式均匀分散在有机涂层中，从而提高涂层的耐蚀性、耐磨性和强韧性。

2. 涂料成膜过程及成膜机理

涂料的成膜过程包括将液态涂料施工至基材表面和形成固态连续漆膜两个过程。液态涂料施工到基材表面后形成的液态薄膜，称为湿膜。湿膜按照不同的机理，通过不同的方式形成固态连续的涂膜，称为干膜。按照湿膜转化为干膜的过程特点，涂料成膜方式可分为物理干燥和化学固化两大类。

物理干燥是指涂料由非转化型成膜物质构成，依靠涂料内溶剂或分散剂的直接挥发或聚合物离子凝聚得到涂膜的过程。物理干燥主要有两种形式：①溶剂型涂料，如沥青涂料、乙烯基树脂涂料、丙烯酸树脂涂料等，经涂装后溶剂挥发使涂料干燥成膜，成膜物质没有发生化学变化；②分散性涂料，如乳胶漆等，在溶剂挥发过程中，聚合物粒子彼此接触挤压成型，由粒子状态聚集变为分子状态聚集形成涂膜。

化学固化是指涂料由转化型成膜物质组成，在加热或其他条件下，湿膜中低聚物成膜物质发生交联反应，生成高聚物干膜的过程。按照固化的化学反应性质，可分为氧化聚合成膜（天然油脂、含有油脂成分和以油料为原料合成的醇酸树脂、酚醛树脂、环氧脂涂料等）、双组分固化剂固化（环氧树脂、聚氨酯、聚酯等）、湿气固化（无机硅酸锌、单组分聚氨酯等）、二氧化碳固化（硅酸钠/钾的无机富锌漆等）、高温触发固化（有机硅）等。其中氧化聚合成膜主要依靠漆膜的直接氧化，如涂料在空气中氧化交联或与水蒸气反应。双组分固化剂固化成膜主要依靠涂料分子之间发生化学反应的固化交联。

3. 制备方法

近年来，基于石墨烯的防腐应用研究主要集中在纯石墨烯防腐涂层和石墨烯增强防腐涂层。因纯石墨烯防腐涂层对金属基底选择性强（主要为铜、镍等金属基材）、石墨烯层品质要求高、制备方法（CVD、机械转移法等）及设备要求高等问题，大规模产业化生产困难，目前主要用在光电领域。与纯石墨烯防腐涂层相比，石墨烯增强防腐涂层具有基底使用范围广、制备方法多样、协同提高原有涂料性能、可大规模工业化合成生产等优点，是当前研究的热点。

目前，石墨烯增强防腐涂料的制备方法主要有溶胶-凝胶法、共混法和聚合法等。

溶胶-凝胶法是指将金属化合物溶解于溶剂中发生水解形成纳米粒子溶胶后干燥形成凝胶的方法。这种方法具有反应温度温和、分散较均匀等优点，但缺点是部分前驱体成本高，毒性大。

共混法一般采用高速磁力搅拌工艺、剪切乳化工艺、球磨或砂磨分散工艺，利用剪切力使聚合物链吸附插入石墨烯片层中。共混法总体加工效率高，适合大规模应用，但存在一定的缺陷。一方面，石墨烯具有较高的表面自由能，易于发生自身团聚；另一方面石墨烯与聚合物之间没有化学键作用，相对位置并不牢固，因此在共混过程中，不可避免地出现石墨烯聚集。为解决此问题，在共混之前，研究者多利用非共价键修饰的方法，通过氢键作用、静电作用和 π—π 相互作用等，实现修饰剂（助剂、稳定剂等）对石墨烯预浸湿，以便提高石墨烯的分散性及其与涂料的相容性，该法不会破坏石墨烯的共轭结构，可保持其优异的性能。

聚合法采用石墨烯或氧化石墨烯与聚合物作为单体，添加引发剂聚合形成复合涂料。该方法将具有特定官能团的活性物质，以共价键的方式接枝到石墨烯表面，对石墨烯进行氢化、氟化、卤素化、自由基或者附加苯环等功能化修饰，实现了对石墨烯表面结构的裁剪，提高了其反应活性，有效改善了石墨烯无机纳米填料在涂料基体中的溶解性、分散性和相容性。然而，聚合法对反应要求较高，反应过程中难以实现对官能团位置、比例及接枝率的有效控制，不适合大规模应用。

4. 涂层的涂装工艺

石墨烯增强防腐涂料的涂装工艺采用传统涂料涂装设备和方法，主要有手工涂装、空气喷涂、静电喷涂、电泳涂装、粉末涂装等。

手工涂装是使用手工工具（刷子、刮刀、滚子等），利用刷涂、刮涂、滚刷、浸涂、淋涂等方式，将涂料涂覆在基体表面的方法。

空气喷涂是利用压缩空气在涂料喷嘴前端形成的负压，将储罐中涂料连续抽吸并在高速气流作用下雾化加速，喷射并迅速沉积于基体表面聚集成涂膜的方法。空气喷涂是当前应用最广泛的涂装方法。

静电喷涂是在喷枪与基体材料之间形成高压静电场，使喷枪口空气电离，并激发涂料颗粒成为带电粒子，在高压静电场作用下，向极性相反的基体材料方向运动并沉积形成涂膜的方法。

电泳涂装包括阳极电泳和阴极电泳，是电泳涂料在电场作用下，带电荷的涂料粒子移动到阴极（或阳极），并与阴极（或阳极）表面放电产生的物质作用形成产物，沉积于基体表面的方法。电泳涂料在电泳涂装过程中主要发生电泳、电解、电沉积和电渗四个同时进行的电化学过程。

粉末涂装是指将粉末涂料经熔融或交联固化形成涂膜的方法，主要有静电涂装、热熔射喷涂、粉末电泳涂装、流化床涂装等方法。粉末涂装具有无溶剂、涂料损失少、涂装周期短、涂膜性能好等优势。

6.2.3　石墨烯增强环氧涂层设计与实践

1. 注水井防腐油管腐蚀主要因素、失效形式及内涂层技术要求

随着油田开发进入中后期，注水井管柱损坏问题日益严重，已成为困扰石油工业后期开采的一大难题。其中，环境介质腐蚀造成的油管表面损伤失效是注水井管柱损坏最主要的方式。油管腐蚀造成巨大经济损失，尤其是腐蚀穿孔事故，严重影响油田的正常生产。

由于注水井中气、水、烃、固共存，油田注水井管柱的多相流腐蚀介质及高温高压的腐蚀工作环境，使其成为腐蚀防护的难点。根据腐蚀作用原理，可将注水油管遭受的腐蚀分为物理腐蚀、化学腐蚀、电化学腐蚀、生物腐蚀等，其中以电化学腐蚀、生物腐蚀，以及几种作用共同发生的综合腐蚀为主。各油田不同注水井工况下，其腐蚀主控因素区别较大。以西部某油田为例，通过科研实践在总结 5 个不同区块注水井油管失效基础上，分析获得了油管柱腐蚀不同层位主控因素机理。某油田注水井油管柱腐蚀不同层位主控因素如图 6.24 所示。

按照油管腐蚀形貌及位置不同，主要失效形式分为管体及接箍内壁的均匀腐蚀、点蚀、穿孔，管体及接箍外壁的均匀腐蚀、点蚀，防腐管材涂覆层的鼓包、脱落、损伤等。镀层油管螺纹腐蚀穿孔、外壁损伤、内壁点蚀及结垢形貌如图 6.25 所示，涂层防腐油管内壁鼓包、脱落及外壁机械损伤脱落形貌如图 6.26 所示。

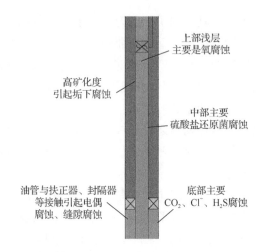

图 6.24　某油田注水井油管柱腐蚀不同层位主控因素示意图

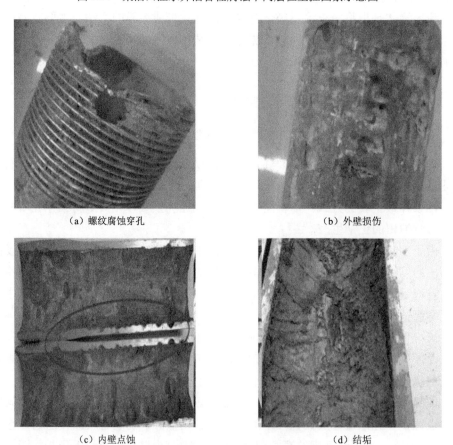

图 6.25　镀层油管失效形貌

 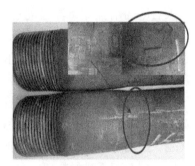

（a）内壁鼓包、脱落　　　　　　　　　　　（b）外壁机械损伤脱落形貌

图 6.26　涂层防腐油管失效形貌

与其他防腐类型油管相比，注水井有机涂层防腐油管具有生产成本低、涂层厚度可控、附着力好、耐化学介质、耐高温高压性能优良等诸多优点，是当前注水井防腐用量最大的产品。油管、套管内涂层的主要技术要求见表 6.1。

表 6.1　油管、套管内涂层的主要技术要求

序号	项目			主要指标	
1	外观			平整均匀、光滑，无气泡、橘皮、流淌等现象	
2	干膜厚度/μm	液体	防蜡		150～500
			防腐		150～300
		粉末	防蜡		150～500
			防腐		150～300
3	附着力			≥3A 级	
4	耐高温高压性能			液相为 NaOH 溶液，pH 为 12.5，温度为 148℃，压力为 70MPa，时间为 16h，试件完全进入液体中，用气体 N_2 加压，试验后涂层无起泡，附着力不降级	
5	耐化学介质性能			10%（浓度）NaCl，室温，90d	
				3.5%（浓度）NaCl，室温，90d	涂层无变化
				原油，80℃，90d	
6	耐磨性（落砂法）			≥2.0L/μm	
7	漏点		防蜡		无漏点
			防腐		无漏点

2. 注水井油管用石墨烯增强环氧涂层的设计思路与制备方法

注水井油管内涂层是当前油田重要的经济性防腐手段，我国注水井用油管内涂层年均用量达 1000 万 m 以上。因此，保证内涂层的防腐质量对于油田高效开发具有重要意义。

引入石墨烯增强环氧涂层的思路，主要基于解决以下当前突出的技术问题：

第一，受技术发展水平限制等，我国当前高端油管内涂层涂料和树脂基料仍然以进口为主，成本高、供货周期长、易受"卡脖子"限制，特别是在部分兼具耐高温高压、耐硫化氢、耐磨损、耐油浸等综合性能的高端重防腐涂料研发方面尚处于起步阶段，欧美等先进国家在此方面处于技术垄断地位。

第二，我国当前自主研发的内涂层产品，大多存在耐温性不佳（小于 80℃）、强韧性差、耐油品相容性和耐磨性低、质量不稳定等突出问题。

我国当前在石墨烯材料研究方面处于世界领先地位，是石墨烯材料最大的规模化生产国家。通过大量研究，以氧化还原法为代表工业化规模生产的多层石墨烯材料价格完全具备了商业化应用价值。在此基础上，考虑注水井油管内涂层技术性能要求，选定了以油气井管材涂层防腐中用量最大的环氧树脂为成膜物质，以通过研究筛选出的还原氧化石墨烯为添加剂，采用二甲苯、正丁醇、环己酮等作为溶剂，滑石粉、硫酸钡、云母、碳化硅等作为颜填料，加入湿润分散剂、硅烷偶联剂、消泡剂、流平剂等常用助剂。通过超声分散、液体共混等方法制得石墨烯增强环氧树脂涂料，利用常规双组分化学固化方法及空气喷涂加高温固化涂装工艺，制得石墨烯增强环氧涂层。石墨烯改性涂层油管制备过程如图 6.27 所示。

图 6.27　石墨烯改性涂层油管制备

上述设计思路的主要目的是利用筛选出的特定层数、粒径、比表面积、含氧量的还原氧化石墨烯，分散并添加到现有涂料体系中，获得具有优良防腐性能的高性能涂层材料。最终期望通过引入特定结构的石墨烯材料，攻克高端油管内涂层对于涂料及其基料制备的选择性问题，扩大高端涂层对于涂料及其基料工艺制备的窗口范围，解决高端涂层国产化难题。此外，期望为提高当前大量在用的国产化涂层的耐温性、强韧性、耐油品相容性和耐磨性等提供技术参考。

石墨烯涂层防腐机理可归纳为 3 个因素[13,14]：石墨烯的疏水性、石墨烯的小尺寸效应和石墨烯的自润滑性能与柔韧性。

1）石墨烯的疏水性

石墨烯碳原子呈蜂窝六元环状单层排列，导致其在与水接触时，接触角度大，疏水性能良好。当涂层中加入石墨烯时，鉴于石墨烯良好的疏水性能，周围环境中的水分子很难穿透涂层到达易腐蚀金属的表面，从而可以减缓金属基体的腐蚀。

2）石墨烯的小尺寸效应

涂层中不可避免会存在一定量的缺陷及孔隙，均匀分散的小尺寸石墨烯可以填补到这些缺陷和孔隙中，从而增加涂层致密性和抗渗性，提高涂层的物理隔绝作用，增强涂层的防腐性能。

3）石墨烯的自润滑性能与柔韧性

双层与少层石墨烯层与层之间有良好的润滑性能，且石墨烯的片层结构内部连接柔韧，可以提高涂层的柔韧性、抗冲击与耐磨性能。

3. 石墨烯增强环氧涂层的实物性能评价

1）涂层主要施工工艺参数

施工工艺参数对涂层的综合性能起着决定性作用。涂层制备的施工工艺主要考虑涂料黏度、喷涂时间、喷涂漆量、固化温度和固化时间 5 个参数。表 6.2 为 RGO 质量分数为 1.0% 的改性工业级环氧树脂涂层的制备主要施工工艺参数，涂层宏观形貌如图 6.28 所示。

表 6.2　RGO 质量分数为 1.0% 的改性工业级环氧树脂涂层制备主要施工工艺参数

编号	黏度	喷涂时间/s	喷涂漆量/kg	固化温度/℃	固化时间/h
1	50～55	50～60	0.7～0.9	55～85	3
2	55～60	50～60	0.7～0.9	55～85	3

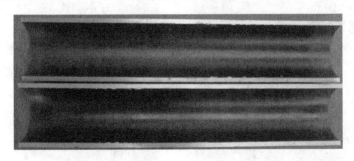

图 6.28　RGO 质量分数为 1.0% 的改性工业级环氧树脂涂层形貌

2）厚度测试

RGO 质量分数为 1.0% 的改性工业级环氧树脂涂层厚度测试结果见表 6.3。从表中可以看出，涂层厚度满足标准要求，但仍需优化施工工艺以提高涂层厚度均匀性。

表 6.3　RGO 质量分数为 1.0%的改性工业级环氧树脂涂层厚度

油管编号	范围/μm	平均值/μm
1#	153～210	170
2#	156～220	175

3）耐磨性测试

采用落砂实验法对 RGO 质量分数为 1.0%的改性工业级环氧树脂涂层进行耐磨性测试，添加质量分数为 1.0%的 RGO 使传统环氧树脂涂层磨损系数提高 3 倍以上，见表 6.4。

表 6.4　RGO 质量分数为 1.0%的改性工业级环氧树脂涂层的耐磨性测试前后的实验结果

RGO 的质量分数/%	样品编号	落砂前/μm	落砂后/μm	磨损系数/（L/μm）
0	0#	166	78	0.43
1.0	1#	153	114.2	1.29
	2#	167	144.1	2.18

4）结合力测试

采用拉伸和弯曲试验测试方法检测 RGO 质量分数为 1.0%的改性工业级环氧树脂涂层与管材基体的结合力，试验后涂层的宏观形貌如图 6.29 所示。从图中可以看出，拉伸加载直至样品拉断，涂层除紧缩段以外，不存在剥落现象；样品弯曲 30°后，涂层依然未见剥落情况。因此，RGO 质量分数为 1.0%的改性工业级环氧树脂涂层结合力良好。

（a）拉伸试验后局部宏观形貌

（b）拉伸试验后宏观形貌

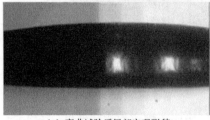

（c）弯曲试验后局部宏观形貌

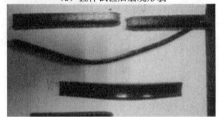

（d）弯曲试验后宏观形貌

图 6.29　RGO 质量分数为 1.0%的改性工业级环氧树脂涂层拉伸和弯曲试验后的形貌

　　5）耐高温高压腐蚀测试

　　采用高温高压反应釜对 RGO 质量分数为 0% 和 1.0% 的改性环氧树脂涂层分别进行高温高压模拟工况测试。涂层样品在 pH 为 12.5，温度为 150℃ 的氢氧化钠溶液中，16MPa 压力下浸泡 60h，无 RGO 的改性工业级环氧树脂涂层发生了明显起泡现象，而 RGO 质量分数为 1.0% 的改性环氧树脂涂层未发生起泡或剥落现象，测试前后其表面形貌如图 6.30 所示。

　　（a）RGO 质量分数为 1.0%，测试前　　　　　（b）RGO 质量分数为 0%，测试前

　　（c）RGO 质量分数为 1.0%，测试后　　　　　（d）RGO 质量分数为 0%，测试后

图 6.30　RGO 改性工业级环氧树脂涂层耐高温高压腐蚀试验测试前后的表面形貌

4. 石墨烯改性油管现场试验

　　2020 年 8 月，由工程材料研究院牵头，联合天津（清华）紫荆创新研究院研制的 TG110 型石墨烯改性涂层油管，在长庆油田采油二厂西峰油区西 90 区块圆满完成首次下井试验。TG110 型石墨烯改性涂层油管下井试验现场如图 6.31 所示。

图 6.31　TG110 型石墨烯改性涂层油管下井试验现场

6.3　石墨烯改性涂层的耐蚀性

本节依据前期研究成果，论述工业化制备的不同石墨烯质量分数的环氧复合涂层在 80℃高盐环境（NaCl 的质量分数为 10.0%）中的腐蚀行为规律，并深度探讨了石墨烯改性环氧复合涂层的防腐机理。

6.3.1　石墨烯改性涂层结构与性能

1. 石墨烯改性涂层结构形貌

石墨烯改性涂层采用还原氧化石墨烯，从其 X 射线光电子能谱（图 6.32）中可以看出，石墨烯 C1s 谱在 283.8eV 和 285.1eV 处出现明显的峰值，分别对应于石墨烯的 C—C 和 C—O。经分析，石墨烯的表面 C—C 和 C—O 含量分别为 89.59% 和 10.41%。因此，本研究中采用的石墨烯还原度极高。从石墨烯透射电镜形貌与选区电子衍射图（图 6.33）可以看出，分散后的石墨烯呈明亮的薄层结构，不存在明显的团聚现象；衍射花样（衍射点）清晰明亮，说明其具有较为完美的石墨烯的共轭结构，在还原和分散过程中结构损伤较小。

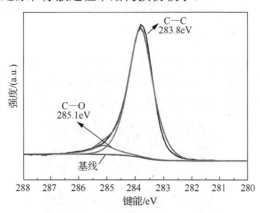

图 6.32　石墨烯纳米片的 X 射线光电子能谱图

2. 涂层附着力

根据 SY/T 6717 油管和套管内涂层技术条件，采用划痕法测定涂层的附着力。图 6.34 为附着力测试后不同质量分数石墨烯改性环氧涂层宏观形貌，从图中可以看出，纯环氧涂层在划痕边缘观察到明显剥落，在划痕交叉处的涂层剥落宽度约为 4mm。质量分数为 0.5%、1.0%、2.0%和 4.0%石墨烯的环氧复合涂层在划痕交

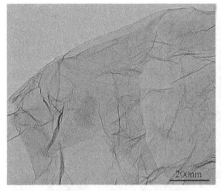

（a）石墨烯纳米片透射电镜形貌图　　　（b）石墨烯选区电子衍射图

图 6.33　石墨烯纳米片透射电镜形貌及选区电子衍射图

（a）质量分数为0.0%　　　　　　　　　（b）质量分数为0.5%

（c）质量分数为1.0%　　　　　　　　　（d）质量分数为2.0%

（e）质量分数为4.0%

图 6.34　附着力测试后不同质量分数石墨烯改性环氧涂层宏观形貌

叉处的剥落宽度分别约为 3mm、1mm、2 mm 和 2 mm，石墨烯改性环氧涂层的附着力显著提高。

3. 涂层形貌

不同质量分数石墨烯的环氧复合涂层的表面 SEM 形貌如图 6.35 所示。从图中可以看出，不含石墨烯的环氧涂层表面有许多孔隙，孔径约为 200nm。随着石墨烯质量分数的增加，涂层表面孔隙数量和大小呈现先减小后增大的趋势。石墨烯质量分数为 1.0%的环氧复合涂层表面的孔径仅约为 40nm。当石墨烯质量分数增加到 4.0%时，涂层的孔隙数量与尺寸明显增加，且因石墨烯团聚，涂层表面变得不平整。

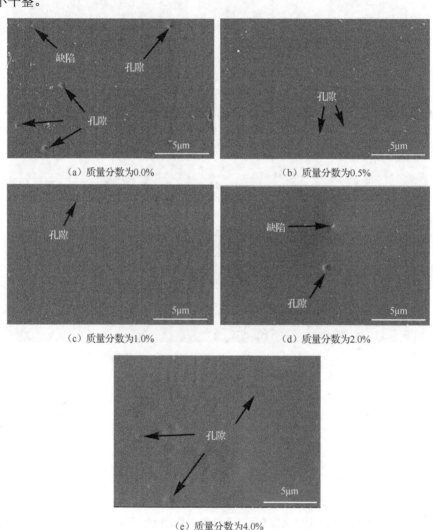

图 6.35　不同质量分数石墨烯改性环氧涂层表面 SEM 图

　　不同质量分数石墨烯的环氧复合涂层的脆断面 SEM 形貌如图 6.36 所示。从图中可以看出，环氧涂层断面较为平整，呈典型的脆性特征。石墨烯环氧复合涂层断面粗糙，存在明显的撕裂脊，呈韧性断裂特征。这些撕裂脊可能是环氧树脂包裹的石墨烯。随着石墨烯质量分数的增加，断面上的撕裂脊数量增加。当石墨烯质量分数增加到 2.0%和 4.0%时，因石墨烯发生团聚，撕裂脊数量减少。此外，在拉拔过程中没有观察到断裂的石墨烯纳米片。这表明石墨烯纳米片与环氧树脂在复合涂层中的界面结合力很强，石墨烯改性环氧涂层具有良好的韧性。值得注意的是，环氧涂层脆断面存在尺寸约 150nm 的孔隙，与涂层表面形貌的结果一致。这些孔隙是 Cl⁻ 和 H_2O 等腐蚀介质的快速扩散通道，降低了涂层的耐蚀性能。

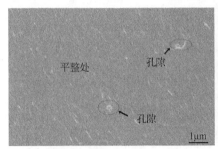

（a）质量分数为0.0%　　　　　　　　（b）质量分数为0.5%

（c）质量分数为1.0%　　　　　　　　（d）质量分数为2.0%

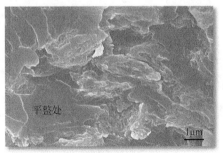

（e）质量分数为4.0%

图 6.36　不同质量分数石墨烯改性环氧涂层脆断面 SEM 图

4. 涂层耐蚀性能

为研究石墨烯改性涂层在高温高盐环境中的耐蚀性能，将涂层样品在 80℃下浸入 NaCl 浓度为 10.0%的高含盐溶液中 10h 后，对涂层样品进行了电化学阻抗谱测试，测试与分析结果如图 6.37、图 6.38 与表 6.5 所示。从图 6.37 中可以看出，

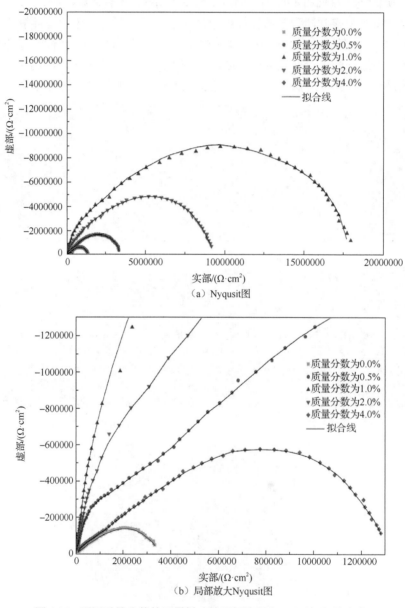

（a）Nyqusit图

（b）局部放大Nyqusit图

图 6.37　不同质量分数的石墨烯改性环氧涂层在 80℃NaCl 浓度为 10%溶液中浸泡 10h 后的电化学阻抗图

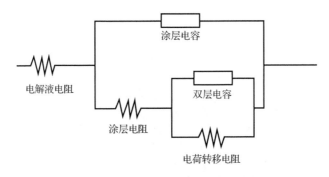

图 6.38　电化学阻抗谱的拟合电路

随着石墨烯质量分数增加，涂层样品的电化学阻抗谱圆弧半径呈先增大后减小的趋势，说明涂层耐蚀性能随石墨烯质量分数增加呈先增强后降低的趋势。等效电路中的 R_s、C_c、R_c、R_{ct} 和 CPE_{dl} 分别代表电解液电阻、涂层电容、涂层电阻、电荷转移电阻和双层电容。当环氧复合涂层中石墨烯质量分数达到 1.0%时，R_c（$7.15 \times 10^5 \Omega \cdot cm^2$）和 R_{ct}（$1.7 \times 10^7\ \Omega \cdot cm^2$）接近或达到最大值。当环氧复合涂层中石墨烯质量分数达到 1.0%时，C_c（$1.2 \times 10^{-11}\ F/cm^2$）和 CPE_{dl}（$7.2 \times 10^{-10} F/cm^2$）均达到最小值。因此，石墨烯质量分数为 1.0%的环氧复合涂层具有最佳的防腐性能。

表 6.5　石墨烯改性环氧涂层在 80℃CNaCl 浓度为 10%的溶液中浸泡
10h 后的阻抗谱分析结果

石墨烯的质量分数/%	0.0	0.5	1.0	2.0	4.0
$R_{ct}(\times 10^6)/(\Omega \cdot cm^2)$	0.24	2.80	17.00	8.53	0.83
$C_c(\times 10^{-10})/(F/cm^2)$	4.85	1.10	0.12	1.47	19010.00
$R_c(\times 10^5)/(\Omega \cdot cm^2)$	0.65	6.41	7.15	7.33	5.52
$CPE_{dl}(\times 10^{-9})/(F/cm^2)$	127.00	886.60	0.72	1.43	269.30

6.3.2　石墨烯改性涂层耐蚀机理

在涂层固化过程中，因大量溶剂挥发，涂层内部不可避免会存在针孔等本征缺陷，这些缺陷既分布于涂层内，也可能贯穿整个涂层，大大降低了涂层防护性能。添加石墨烯后，纳米尺度的石墨烯均匀分散在环氧涂层中，通过封堵涂层中的空隙与延长腐蚀介质在涂层中扩散路径的方式，大幅提高涂层的耐蚀性能[15-19]。

采用的还原氧化石墨烯还原度高，结构缺陷少，且在环氧涂层中均匀分散，在环氧涂层中起到了良好的填充空隙和延长腐蚀介质扩散路径的作用。因此，优选出的石墨烯质量分数为 1.0%的环氧涂层具有优异的耐蚀性能，石墨烯通过增加腐蚀电解质传递路径增强环氧涂层的抗腐蚀性能原理如图 6.39 所示。

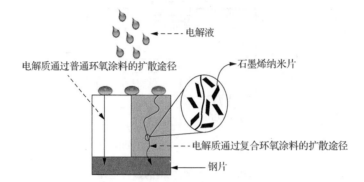

图 6.39　石墨烯通过增加腐蚀电解质传递路径增强环氧涂层的抗腐蚀性能原理示意图

　　此外，因石墨烯有效地提高了环氧复合涂层的附着力和韧性，从而提高石墨烯改性涂层的抗机械损伤能力，这将有效延长涂层的服役寿命。

参 考 文 献

[1]　尹成先. 石油天然气工业管道及装置腐蚀与控制[M]. 北京: 科学出版社, 2017.

[2]　卫优丽. 钻杆接头表面耐磨带堆焊工艺研究与应用[D]. 西安: 西安石油大学, 2010.

[3]　苑林, 罗纯君, 孙海静, 等. 不锈钢表面电化学磷化及膜层性能[J]. 电镀与涂饰, 2020, 39(9): 546-548.

[4]　Nanotechnologies-Vocabulary-Part 13: Graphene and related two-dimensional (2D) materials, and includes related terms naming production methods, properties and their characterization ISO/TS 80004-13: 2017[S]. Switzerland: International Organization for Standardization, 2017.

[5]　MAYOROV A S, GORBACHEV R V, MOROZOV S V, et al. Micrometer-scale ballistic transport in encapsulated graphene at room temperature[J]. Nano Letter, 2011, 11(6): 2396-2399.

[6]　DU X, SKACHKO I, BARKER A, et al. Approaching ballistic transport in suspended graphene[J]. Nat Nanotechnol, 2008, 3(8): 491-495.

[7]　KING A, JOHNSON G, ENGELBERG D, et al. Observations of intergranular stress corrosion cracking in a grain-mapped polycrystal[J]. Science, 2008, 321(5887): 382-385.

[8]　NOVOSELOV K S, GEIM A K, Morozov S V, et al. Electric field effect in atomically thin carbon films[J]. Science, 2004, 306(5696): 666-669.

[9]　GEIM A K, NOVOSELOV K S. The rise of graphene[J]. Nature Materials, 2009, 6: 11-19.

[10]　ZHU Y, MURALI S, CAI W, et al. Graphene and graphene oxide: synthesis, properties, and applications[J]. Cheminform, 2010, 22(46): 3906-3924.

[11]　DREYER D R, PARK S, BIELAWSKI C W, et al. The chemistry of graphene oxide[J]. Chemical Society Reviews, 2010, 39(1): 228-240.

[12]　PARVEZ K, LI R, PUNIREDD S R, et al. Electrochemically exfoliated graphene as solution-processable, highly conductive electrodes for organic electronics[J]. American Chemical Society Nano, 2013, 7(4):3598-3606.

[13]　田经纬. 氧化石墨烯复合涂层的制备及其防腐性能研究[D]. 哈尔滨: 哈尔滨工业大学, 2019.

[14]　石培培. 氧化石墨烯的功能化改性及其在防腐涂层中的应用[D]. 天津: 天津工业大学, 2018.

[15]　马瑜. 氧化石墨烯改性及在环氧涂层中的应用研究[D]. 成都: 西南石油大学, 2015.

[16]　曹也文. 功能化石墨烯的制备及在高性能高分子材料中的应用[D]. 上海: 复旦大学, 2012.

[17]　BAI H, LU G, LI C, et al. Flexible graphene films via the filtration of water-soluble noncovalent functionalized graphene sheets[J]. Journal of the American Chemical Society, 2008, 130(18): 5856-5857.

[18]　CHOI Y, BAE H S , SEO E, et al. Hybrid gold nanoparticle-reduced graphene oxide nanosheets as active catalysts for highly efficient reduction of nitroarenes[J]. Journal of Materials Chemistry, 2011, 21(39): 15431-15436.

[19]　LIU S, YAN H, FANG Z, et al. Effect of graphene nanosheets on morphology, thermal stability and flame retardancy of epoxy resin[J]. Composites Science and Technology, 2014, 90: 40-47.

附录A API 管材标准钢级历史发展简表

标准钢级名称、产品与制造特征	发布年份	废止年份	最小屈服强度/ksi	最小抗拉强度/ksi	备注*
熟铁焊管（油套管）	1924	1940	24	42	1
生铁焊管（油套管、钻杆）	1924	1940	25	45	1
钢制焊管（油套管）	1924	1940	25	45	1
低碳钢无缝管（油套管）	1924	1927	30	48	1
中碳钢无缝管（油套管、钻杆）	1924	1927	35	62	1
高碳钢无缝管（油套管、钻杆）	1924	1927	45	75	1
A 钢级无缝管于 1927 年发布，电阻焊（electric resistance welding, ERW）焊管于 1934 年发布（油套管）	1927	1935	30	48	2、3
B 钢级无缝管于 1927 年发布，ERW 焊管于 1934 年发布（油套管）	1927	1940	35	62	2、3
B 钢级无缝管（钻杆）	1927	1940	35	62	2、7
C 钢级无缝管于 1927 年发布，ERW 焊管于 1934 年发布（油套管）	1927	1940	45	75	2、3
C 钢级无缝管（钻杆）	1927	1953	45	75	2、7
D 钢级无缝管于 1930 年发布，ERW 焊管于 1934 年发布（油套管）	1930	1940	55	95	4、5
D 钢级无缝管（钻杆）	1930	1981	55	95	4、17
F25 级熟铁焊管（油套管）	1940	1958	25	40	6
F25 级生铁焊管（油套管）	1940	1958	25	40	6
F25 级焊管（油套管）	1940	1958	25	40	6
F25 钢级无缝管和 ERW 焊管（油套管）	1940	1962	25	40	6、7
H40 钢级无缝管和 ERW 焊管（油套管）	1940	现行	40	60	6
J55 钢级无缝管和 ERW 焊管（油套管）	1940	现行	55	75	6、8
N80 钢级无缝管和 ERW 焊管（油套管）	1940	现行	80	100	6
E75 钢级无缝管（钻杆）	1942	现行	75	100	4
P105 级无缝管（油管）	1960	1990	110	125	9、10、21
P110 级无缝管于 1960 年发布，ERW 焊管于 1992 年发布（套管）	1960	现行	110	125	9、10
C75 钢级无缝管（油套管）	1963	1990	75	95	11
K55 钢级无缝管和 ERW 焊管（套管）	1968	现行	55	95	12
C95 钢级无缝管和 ERW 焊管（套管）	1970	2012	95	105	13、14
X95 钢级无缝管（钻杆）	1973	现行	95	105	4

续表

标准钢级名称、产品与制造特征	发布年份	废止年份	最小屈服强度/ksi	最小抗拉强度/ksi	备注*
G105 钢级无缝管（钻杆）	1973	现行	105	115	4
S135 钢级无缝管（钻杆）	1973	现行	135	145	4
V150 级无缝管（套管）	1974	1988	150	160	15
L80 钢级无缝管和 ERW 焊管（油套管）	1975	现行	80	95	16
C90 级无缝管（油套管）	1984	现行	90	100	18、19
Q125 级无缝管和 ERW 焊管（套管）	1985	现行	125	135	4
L80 级 9Cr 无缝管（油套管）	1987	现行	80	95	—
L80 级 13Cr 无缝管（油套管）	1987	现行	80	95	—
T95 级无缝管（油套管）	1989	现行	95	105	20
P110 级无缝管于 1990 年发布，ERW 焊管于 1992 年发布（油管）	1990	现行	110	125	10、21
M65 级无缝管和 ERW 焊管（套管）	1998	2019	65	85	22
R95 无缝管和 ERW 焊管（油套管）	2012	现行	95	105	23
C110 钢级无缝管（油套管）	2012	现行	110	120	24
SS75 钢级无缝管（钻杆）	2020	现行	75	100	25
SS95 钢级无缝管（钻杆）	2020	现行	95	105	25
SS105 钢级无缝管（钻杆）	2020	现行	105	115	25
V150 钢级无缝管（钻杆）	2020	现行	150	160	26

*（1）第一版 API 管材规范发布于 1924 年，内容涵盖管线管、钻杆、套管和油管。

（2）1927 年，对应 API 管材规范中的"低碳钢无缝管""中碳钢无缝管""高碳钢无缝管"被分别标记为 A、B 和 C 钢级。

（3）1934 年之前，API 管材规范中的 A、B 和 C 钢级只能以无缝管形式制造。

（4）该钢级由于深井开发的需求被 API 管材规范采纳。

（5）1934 年之前，API 管材规范中的 D 钢级只能以无缝管形式制造。

（6）1940 年，API 管材规范新采纳了多个钢级，并且以字母加屈服强度（ksi）形式命名，其中字母仅用于高效辨识各钢级名称，无其他含义。

（7）由于该钢级管材制造与使用成本与新发展更高钢级管材差别不大，被废止。

（8）1940 年，J55 钢级被 API 管材规范采纳用于替代 D 级油套管，为了该钢级材料能够同时适用于制造无缝管和 ERW 焊管，新规范中将原有 D 钢级最小抗拉强度从 95ksi 降低至 75ksi。

（9）1960 年，油田用户提出 110ksi 级油套管需求，鉴于该阶段管材生产技术限制，与套管相比，由于油管规格小壁厚大的特性，轧制后相对冷速较低，正火和回火后油管屈服强度只能保证在 105ksi。

（10）1992 年，美国 Lone Star 钢铁公司向 API 提出增加 P110 级 ERW 焊管提案。

（11）1950 年年底，GulfOil 公司（雪弗龙子公司）为开发酸性气田需要一种硬度低于 22HRC 的高强度油管钢级材料，根据当时钢铁材料技术情况，要求材料抗拉强度低于 N80 钢级 5ksi，新开发的产品被当时称为改进的 N80，随后该钢级被以 C75 钢级采纳进 API 管材规范。

（12）1968 年，GulfOil 公司提出提高 J55 钢级最小抗拉强度要求可显著提升圆螺纹和偏梯形螺纹的连接强度，并指出现场统计的 J55 无缝套管最小抗拉强度常与 D 钢级钻杆的抗拉强度要求相符并高于 95ksi，希望借鉴 D 钢级并修订 J55 钢级最小抗拉强度指标。由于 95ksi 的抗拉强度对于 J55 钢级 ERW 套管制造困难，J55 油管连接强度主要与最小屈服强度相关的认识，API 最终制定引入了新的 K55 钢级套管。

（13）康菲石油提出一种强度级别高于 C75 钢级的套管用于中等酸性环境，C95 钢级被采纳。1970 年，油田用户坚持采纳 C95 命名方式引入在 C75 钢级基础上发展的用于中等酸性环境用途的更高钢级套管。

（14）2012 年，C95 被 T95 取代。

（15）V150 套管一直被关注，希望成为正式的 API 钢级，但由于发生多次失效事故，当前仍然未被正式采纳。

（16）随着工业化淬火+回火工艺的成熟，先前规模化应用的正火+回火工艺逐渐被取代，同种材料体系下，淬火+回火工艺屈强比高于正火+回火工艺，用于抗酸性环境的 75ksi 钢级被提高到 80ksi。

（17）鉴于当时 E75 钢级钻杆生产成本仅高于 D 级钻杆 10%，但下深可提高 1500m 以上，D 钢级因不具备使用优势而被废止。

（18）为了满足苛刻酸性环境下强度高于 L80 钢级的需求，C90 钢级被采纳。

（19）1984 年油田用户坚持采纳使用以字母 C 开头的命名方式，引入强度级别更高的 90 钢级管材以标识其与 C75 钢级类似被用于酸性环境，C90 被采纳。API 钢级命名中不同字母+钢级的命名规格被打破。

（20）T95 主要用于苛刻酸性环境，其承载性能高于 C90。

（21）1992 年，随工业化制造能力提升，P105 钢级油管制造性能可满足 P110 套管性能要求，在 5CT 中 P105 油管钢级被 P110 钢级替代。

（22）2019 年，M65 被 L80 等钢级替代。

（23）2012 年，基于部分工况需求，R95 钢级被采纳。

（24）2012 年，C110 被采纳以满足超深含硫井等酸性苛刻工况需求。

（25）从服役酸性环境出发，要求接头最小屈服强度为 110ksi，最小抗拉强度为 125ksi。

（26）从生产效率成本等考虑，E、X、G、S、V 钢级接头最小屈服强度为 120ksi，最小抗拉强度为 140ksi。